数字图像处理

主　编　谷　冰　　王连军

副主编　姚学峰　　毕兰兰　　陈新宇

　　　　张可为　　曹　硕　　褚　宁

参　编　刘　钟　　陈威宇　　刘　楠

北京理工大学出版社
BEIJING INSTITUTE OF TECHNOLOGY PRESS

内 容 简 介

本书集理论知识、实战技能于一体,内容编排以项目为主线、任务为驱动,将 Photoshop 和 Illustrator 的理论学习与实战训练巧妙地结合在一起,学习起来更加具有目的性和实用性。

本书为新形态教材,读者可以借助智能手机、平板电脑等移动终端设备进行在线学习。本书为读者提供了丰富的资源和内容,包括微课、视频、动画等效果,寓教于乐,让读者轻松学会 Photoshop 和 Illustrator 的使用方法与处理技巧。

本书适合平面设计、多媒体、动漫类专业学生使用,也适合 Photoshop 和 Illustrator 初学者自学。此外,对从事广告、平面设计的人员及摄影爱好者也颇具参考价值。

图书在版编目(CIP)数据

数字图像处理/谷冰,王连军主编 . —北京:北京理工大学出版社,2020. 11

ISBN 978 - 7 - 5682 - 9274 - 0

Ⅰ. ①数… Ⅱ. ①谷…②王… Ⅲ. ①数字图像处理 Ⅳ. ①TN911. 73

中国版本图书馆 CIP 数据核字(2020)第 232449 号

出版发行 / 北京理工大学出版社有限责任公司

社　　址 / 北京市海淀区中关村南大街 5 号

邮　　编 / 100081

电　　话 / (010)68914775(总编室)

　　　　　 (010)82562903(教材售后服务热线)

　　　　　 (010)68948351(其他图书服务热线)

网　　址 / http://www.bitpress.com.cn

经　　销 / 全国各地新华书店

印　　刷 / 涿州市新华印刷有限公司

开　　本 / 787 毫米×1092 毫米　1/16

印　　张 / 12　　　　　　　　　　　　　　　　　　　责任编辑 / 王玲玲

字　　数 / 285 千字　　　　　　　　　　　　　　　　文案编辑 / 王玲玲

版　　次 / 2020 年 11 月第 1 版　2020 年 11 月第 1 次印刷　　责任校对 / 刘亚男

定　　价 / 54.00 元　　　　　　　　　　　　　　　　责任印制 / 施胜娟

前　言

本书以图形图像处理软件 Photoshop 和矢量绘图软件 Illustrator 为操作平台，将设计理念融入案例中，通过大量的案例来对设计中的要点和软件操作技巧进行讲解，帮助读者进一步理解和把握对作品进行构思与创作设计的要点，帮助读者对平面设计及软件操作等有更全面的了解。

本书重在引领读者在图像的制作、调色、修图、合成、创意、抠图、绘画等实际操作中掌握 Photoshop 和 Illustrator 的各种知识与使用技巧，为读者提供了多种思路，包括一些非常规的方法，特别适合那些具有初步基础，又急切想上台阶的读者，为他们提供了一条捷径。

本书由谷冰、王连军任主编，姚学峰、毕兰兰、陈新宇、张可为、曹硕、褚宁任副主编，刘钟、陈威宇、刘楠参编。其中，第 1 章由沈阳职业技术学院的姚学峰老师编写，第 2章和第 4 章由沈阳职业技术学院的谷冰老师编写，第 3 章由辽宁生态工程职业学院的毕兰兰老师编写，第 5 章由渤海船舶职业学院的褚宁老师编写，第 6 章和第 7 章由辽阳技师学院的王连军老师编写，第 8 章由辽宁轻工职业学院的陈新宇老师编写，第 9 章由沈阳职业技术学院的曹硕老师编写，第 10 章由辽宁传媒学院的张可为老师编写，刘钟、陈威宇、刘楠提供了一些相关素材。本书中一些典型综合案例是与沈阳伊视觉文化传媒有限公司及北京奇文云海文化传播有限责任公司共同开发的。本书中包含微课视频 35 个，均由负责该章节的老师录制完成。

本书的特点是简单实用、新颖独特、富有启发性和趣味性，实实在在、踏踏实实地让读者在轻松愉悦的阅读和学习中达到学习提高、拓展思路、获得启发的目的。

本书内容丰富，写作主旨明确，不仅是平面设计的专业图书，也是一本能够提升Photoshop 和 Illustrator 软件操作技能的图书。限于编者水平，书中有许多不足之处，一些方法、思路可能不够成熟，望读者批评指正。

编　者

目　　录

Photoshop 部分

Illustrator 部分

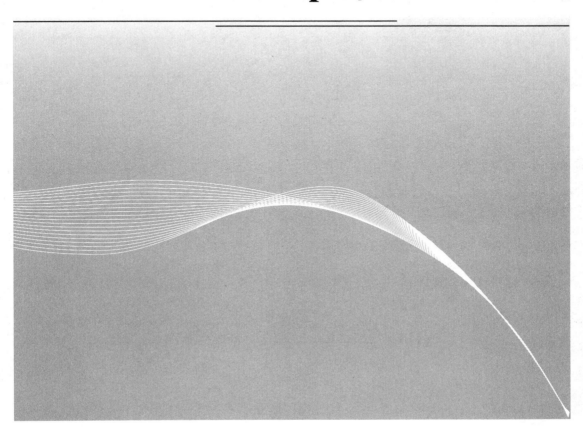

Photoshop 部分

第1章

Photoshop 基础知识

 能力目标

1. 能够进行 Photoshop 基本操作
2. 能够正确创建不同版面文件
3. 能够掌握基本绘图工具

知识目标

1. 色彩的基本常识
2. 图像基础知识
3. 平面设计常用术语

素养目标

1. 操作规范，符合"5S"管理
2. 具备举一反三和总结归纳能力
3. 具有积极向上和踏实认真的学习态度

1.1　关于色彩

1.1.1　色彩三要素

　　色彩不仅是点缀生活的重要角色，也是一门深奥的学问。在平面设计作品中，灵活、巧妙地运用色彩，才能表现出作品的各种精彩效果。色彩的美感能提供给人精神、心理方面的享受，人们都按照自己的偏好与习惯去选择乐于接受的色彩，以满足各方面的需求。

　　平面设计中很讲究色彩的运用。颜色的冷暖、强弱变化等都产生色彩的韵律，以达到画面的和谐统一。

　　自然界中的颜色可以分为非彩色和彩色两大类。非彩色即指黑色、白色和各种深浅不一的灰色。其他颜色属于彩色。彩色具有 3 个属性：色相、饱和度和明度，这就是色彩的三要素。

　　● 色相：色相是颜色的基本属性，反映颜色的原貌。通过色相，人们才能区分各种色彩。通常所说的颜色指的就是色相，如图 1－1 所示。

图 1 − 1　色相分析

（用红、黄、蓝不同的颜色表示色相）

● 饱和度：饱和度也叫纯度，指颜色的纯洁程度。饱和度越大，颜色就越显得生动、活泼，有很强的视觉冲击力；饱和度越小，颜色就越不纯净，看起来显得灰暗，如图 1 − 2 所示。

图 1 − 2　饱和度分析

（用鲜、中、灰 3 种纯净度来表现色彩饱和度的效果）

● 明度：明度也叫亮度，体现颜色的深浅，如图 1 − 3 所示。通常说颜色"淡了""浅了"，就是指明度的高低。而非彩色只有明度特征，没有色相和饱和度。

图 1 − 3　明度分析

（用 3 种程度的亮、暗展示的明度效果）

所有的颜色都可以通过三原色调配出来。电脑屏幕的色彩就是由 RGB（红、绿、蓝）3 种色光合成的，只要对红、绿、蓝 3 种基色的含量进行配比，就可以调配出其他颜色。每种颜色可调配的范围为 0～255，共计 256 个色阶。

1.1.2　色彩的表现

人们对色彩的感知可以通过色调、亮度和饱和度表示。同一色彩会因为所处位置、景物的不同，而给人截然相反的色彩印象。以蓝色编织网和蓝色木地板为例，假设它们的色彩三要素相同，但在观看者的眼中，编织物的色彩与木地板的色彩是不相同的，这种现象就称为"色彩的表现形式"，如图 1－4 所示。色彩的表现形式包括面色、表面色和空间色等。

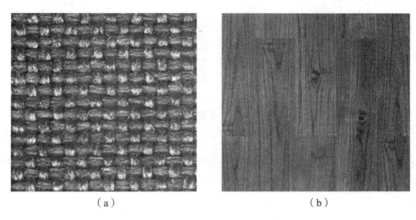

（a）　　　　　　　　　　　　　　　　（b）

图 1－4　色彩的表现形式

（a）编织物；（b）地板

● 面色：又称"管窥色"，像天空色彩一样，平平展展，缺乏质感，给人柔软的感觉，如图 1－5 所示。

图 1－5　面色体现的柔和感

● 表面色：指色纸等物体的表面色彩。表面色因距离的远近而给人不同的质感。同一张纸，取了远近距离不同的位置，两张图看起来明暗程度不同，远距离的看起来颜色要深一些，如图 1-6 所示。

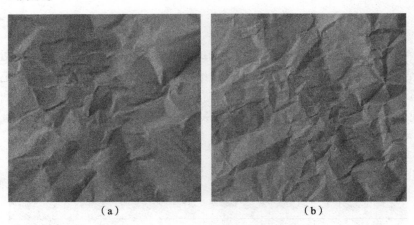

（a） （b）

图 1-6 表面色的体现
（a）近距离效果；（b）远距离效果

● 空间色：又称"体色"，似充满透明玻璃瓶中的带色液体，是指弥漫空间的色彩。此外，还有表面光泽、光源色等，如图 1-7 所示。

图 1-7 空间色的体现

1.1.3 色彩的功能

色彩的功能是指色彩对眼睛及心理的作用，具体地说，包括眼睛对它们的明度、色相、纯度、对比的刺激作用和心理留下的影响，以及象征意义和感情影响。

色彩及同一对比的调和效果，均可能有多种功能、色彩及对比的调和效果，也可能有极为相近的功能。为了更恰如其分地应用色彩及其对比的调和效果，使形象的外表与内在统一，使色彩的表现力、视觉作用及心理影响充分地发挥出来，就必须对色彩的功能做深入的研究。

逐一地研究数以千计的色彩功能，既不可能，也没必要，只要研究一些最基本的色彩就可以了。下面讲解一些基本色的功能。

● 红色：在可见光谱中，红色光波最长，处于可见长波的极限附近，它容易引起人的注意，使人兴奋、激动、紧张。眼睛不适应红色光的刺激，但善于分辨红色光波的细微变化。因此，红色光容易造成视觉疲劳，严重的时候还会给人造成难以忍受的精神折磨，如图1-8所示。

图1-8　红色构图

● 黄色：黄色光的光感最强，给人以光明、辉煌、轻快、纯净的印象。在自然界中，蜡梅、迎春、秋菊、油茶花、向日葵等，都大量地呈现出美丽娇嫩的黄色。秋收的五谷、水果，以其精美的黄色，在视觉上给人以美的享受，如图1-9所示。

图1-9　黄色构图

● 绿色：太阳投射到地球的光线中，绿色光占50%以上。由于绿色光的波长在可见光谱中恰居中位，色光的感应处于"中庸之道"，因此，人的视觉对绿色光波长的微差分辨能力最强，也最能适应绿色光的刺激。所以，人们把绿色作为和平的象征，如图1-10所示。

图1-10 绿色构图

● 蓝色：蓝色所在，往往是人类所知甚少的地方，如宇宙和深海。古代的人认为那是天神水怪的住所，令人感到神秘莫测，而现代的人把它作为科学探讨的领域，因此，蓝色就成为现代科学的象征色。它给人以冷静、沉思、智慧和征服自然的力量。现代装潢设计中，蓝与白不能引起食欲而只能表示寒冷，成为冷冻食品的标志色。如果把它作为食欲色的陪衬色，效果是相当不错的，如图1-11所示。

图1-11 蓝色构图

● 白色：白色是全部可见光均匀混合而成的，称为全色光，是光明的象征色。白色明亮、干净、畅快、朴素、雅致与贞洁，如图1-12所示。但它没有强烈的个性，不能引起食欲的色中不应没有白色。

图 1-12 白色构图

● 橙色：橙色又称橘黄或橘色。橙色具有明亮、华丽、健康、兴奋、温暖、欢乐、辉煌，以及容易打动人的色感，所以女人喜欢用橙色作为装饰色。橙色在空气中的穿透力仅次于红色，而色感较红色更暖，最鲜明的橙色应该是色彩中感受最暖的色，给人以庄严、高贵、神秘等感觉，所以基本上属于心理色性，如图 1-13 所示。

图 1-13 橙色构图

● 黑色：从理论上来说，黑色即无光无色之色。在生活中，只要光明或物体反射光的能力弱，都会呈现出黑色的面貌。无光对人们的心理影响可分为两大类：首先是消极类，例如漆黑之夜及漆黑的地方，人们会有失去方向、没有办法及阴森、死亡等印象；其次，黑色不可能引起食欲，也不可能产生明快、清新、干净的印象。但是，黑色与其他色彩组合时，属于极好的衬托色，可以充分显示其他色的光感与色感，如图 1-14 所示。

图 1-14　黑色构图

1.1.4　RGB 与 CMYK 色彩模式

在平面设计中，颜色的设定用得很多，设计师如果想驾驭好纷繁复杂的颜色，可不是件容易的事。平面设计中常用到的色彩模式有两种，即 RGB 模式和 CMYK 模式。

● RGB：代表红、绿、蓝 3 个通道的颜色。RGB 色彩模式是工业界的一种颜色标准，是通过对红（R）、绿（G）、蓝（B）3 个颜色通道的变化，以及它们相互之间的叠加来得到各式各样的颜色的。这个标准几乎包括了人类视力所能感知的所有颜色，是目前应用最广的颜色系统之一。RGB 色彩模式色彩丰富饱满，颜色鲜亮，但是不能进行普通的分色印刷，这也是 RGB 色彩模式的一个局限。

图 1-15　RGB 色彩模式分析

RGB 是从颜色发光的原理来定的，通俗点说，它的颜色混合方式就好像有红、绿、蓝 3 盏灯，当它们的光相互叠合的时候，色彩相混，而亮度却等于两者亮度的总和，越混合，亮度越高，即加法混合，如图 1-15 所示。

红、绿、蓝 3 个颜色通道，每种色各分为 255 阶亮度，在 0 时，"灯"最弱——是关掉的，而在 255 时，"灯"最亮。当三色数值相同时，为无色彩的灰度色；三色都为 255 时，为最亮的白色；都为 0 时，为黑色。

● CMYK：是一种专门针对印刷业设定的颜色标准，是通过对青（C）、洋红（M）、黄（Y）、黑（K）4 个颜色变化及它们相互之间的叠加来得到各种颜色的。CMYK 即是代表青、洋红、黄、黑 4 种印刷专用的油墨颜色，也是 Photoshop 软件中 4 个通道的颜色。

具体到印刷上，是通过控制青、洋红、黄、黑四色油墨在纸张上的相叠印刷来产生色彩的，它的颜色总数少于 RGB 色，如图 1-16 所示。

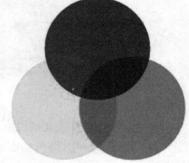

图 1-16　CMYK 色彩模式分析

CMYK 色彩模式的色彩不如 RGB 色彩模式的色彩丰富饱满，在 Photoshop 中的运行速度比 RGB 色彩模式快。当图像由 RGB 色转为 CMYK 色后，颜色会有部分损失（从 CMYK 色转到 RGB 色则没有损失），但它也是唯一能用来进行四色分色印刷的颜色标准。图 1－17 所示的两个图分别为 RGB 色彩模式和 CMYK 色彩模式。

（a）　　　　　　　　　　　　　　　　（b）

图 1－17　RGB 色彩模式（a）与 CMYK 色彩模式（b）的对比

　　青、洋红、黄三色印墨叠加时，中心三色的叠加区为黑色，而减法混合的特点是越叠加越暗。在软件中，青、洋红、黄、黑 4 个通道颜色每种各按百分率计算，100% 时为最深，0% 时为最浅。黑色和颜色混合几乎没有太大关系，它的存在大多是为了方便调节颜色的明暗亮度。

　　由于网上系统不能上传 CMYK 色彩模式的图，所以与 CMYK 相关的图实际上是用 RGB 图来替代的，大家应该以电脑上的 CMYK 图的实际色彩为准。

1.1.5　色彩的视觉心理

　　对于色彩，除了客观方面的认识外，还有主观方面的因素，即有关色彩的视觉心理基础理论知识。不同波长色彩的信息作用于人的视觉器官上，通过视觉神经传入大脑后，经过思维，与以往的记忆及经验产生联想，从而形成一系列的色彩心理反应。

　　人在观察不同的色彩时，会有色彩的冷、暖感觉。实际上，色彩本身并无冷暖的温度差别，而是视觉色彩引起人们对冷暖感觉的心理联想。设计师可以利用人们对这些色彩的感观心理，设计出适合特定商品、特定人群的平面作品。

　　● 暖色：通常人们见到红、红橙、橙、黄橙、红紫等色后，马上会联想到太阳、火焰、热血等，产生温暖、热烈、危险等感觉。这几种色彩就属于暖色。暖色调一般适用于与人们生活相关的某些领域的平面设计中，如图 1－18 所示。

图 1－18　暖色构成图

　　● 冷色：见到蓝、蓝紫、蓝绿等色后，则很易联想到太空、冰雪、海洋等物像，产生寒冷、理智、平静等感觉。这几种色彩就属于冷色。冷色调适用于某些金属及表现另类、诡异、时尚等领域的平面设计中，如图 1 – 19 所示。

图 1 – 19　冷色构成图

● 中性色：绿色和紫色是中性色。黄绿、蓝、蓝绿等色使人联想到草、树等植物，产生青春、生命、和平等感觉。紫、蓝紫等色使人联想到花卉、水晶等稀贵物品，故易产生高贵、神秘感觉。至于黄色，一般被认为是暖色，因为它使人联想起阳光、光明等，但也有人视它为中性色。当然，同属黄色相，柠檬黄显然偏冷，而中黄则感觉偏暖，如图 1 – 20 所示。

图 1 – 20　中性色构成图

● 表述色彩冷暖的词汇。

人们往往用不同的词汇表述色彩的冷暖感觉。

暖色：阳光、不透明、刺激的、稠密、深的、近的、重的、男性的、强性的、干的、感情的、方角的、直线、扩大、稳定、热烈、活泼和开放等。

冷色：阴影、透明、镇静的、稀薄的、淡的、远的、轻的、女性的、微弱的、湿的、理智的、圆滑、曲线、缩小、流动、冷静、文雅和保守。

1.2　图像基础

1.2.1　矢量图形与位图图像

　　计算机图形有位图格式的图像与矢量格式的图形两种格式。在 Photoshop 中创建的是位图格式的图像，也可以使用 Illustrator 等应用软件创建矢量格式的图形。

　　● 矢量图：是由矢量应用程序创建的，其图形是由矢量直线和曲线组成的，这些线条也包含颜色与位置属性。当编辑一个矢量图形时，修改的只是组成该图形形状的直线和曲线的属性，可以对矢量图进行位置、尺寸、形状、颜色的改变，图形仍能保持清晰、平滑，丝毫不会影响其质量。将矢量图放大后，效果如图 1 – 21 所示。

图 1 – 21　矢量图放大后仍然清晰

　　● 位图：也称为点阵图像，是由一系列像素点排列组成的可识别的图像。任何位图图像都含有有限数量的像素。当编辑一个位图图像时，编辑的是像素点的位置与颜色值。

　　由于位图图像能够表现细微的阴影和颜色变化，所以适合表现连续色调的图像，例如照片。位图图像的特点是，当放大很多倍时，会出现马赛克像素色块，图像会模糊不清。因此，位图图像的质量与分辨率有密切的关系。将位图放大后，效果如图 1 – 22 所示。

图 1 – 22　位图放大后模糊不清

1.2.2 图像的分辨率

像素是位图图像中最小的单位。图像分辨率就是每英寸（或厘米）中包含多少个像素。分辨率越高，图像质量就越好。

宽高尺寸相同的图像，分辨率越低，则相同区域所含像素的数量越少，图像由少量的像素色块呈现，色块之间的颜色过渡不平滑，因此，图像质量差；而分辨率越高，所含的像素数越多，图像由大量细小的像素色块呈现，整体感觉颜色的变化比较平滑，色彩丰富，因此图像表现的细节更多，质量就更好，如图 1 - 23 所示。

图 1 - 23　不同分辨率的表现

1.2.3 图像大小与分辨率

分辨率的不同，使得图像中所含像素的总数不同。除了表现在图像质量的不同外，图像文件的存储容量也随之不同。因为要存储组成位图图像的所有像素的颜色信息，所以文件所占的存储容量会随像素总数的增加而增加。因此，在 Photoshop 中最先考虑的就是图像分辨率，这个数据直接影响图像的质量。如图 1 - 24 所示，图像存储选择不同的品质，将显示不同的存储质量。

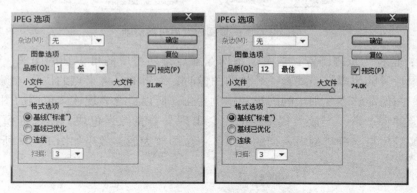

图 1 - 24　选择不同品质，图像的存储大小也不同

1.3　图像文件格式分类

在进行平面设计创作的过程中，会对编辑的文件进行存储，当完成作品的制作后，还会将作品进行输出，在这些操作中，都会接触一个重要的概念，即文件格式的选择。由于软件之间的差异性，其存储的文件格式不同，得到的结果和文件包含的信息也不同。为了对常用的文件格式有一个明确的了解，本节将对几种较为常见的文件格式进行介绍。

- PSD（*. psd）：该格式是 Photoshop 生成的图像格式，可包括层、通道和颜色模式等信息，并且该格式是唯一支持全部颜色模式的图像格式。但是，由于 PSD 格式保存的信息较多，因此，其文件非常庞大。

● BMP（*.bmp）：BMP 是 Windows 操作系统中"画图"程序的标准文件格式，此格式与大多数 Windows 和 OS/2 平台的应用程序兼容。由于该图像格式采用的是无损压缩，其优点是图像完全不失真，缺点是图像文件的尺寸较大。BMP 格式支持 RGB、索引（Indexed）、灰度（Grayscale）及位图（Bitmap）等颜色模式，但无法支持含 Alpha 通道的图像信息。

● GIF（*.gif）：该格式是由 CompuServe 提供的一种图像格式。由于 GIF 格式文件尺寸较小，支持交错效果（图像在下载时可以从模糊逐渐到清晰），支持透明颜色效果，支持动画效果，该格式被广泛用于通信领域和 Internet 的 HTML 网页文档中。不过，由于该格式采用的是索引颜色模式，它只能显示 256 种颜色，这将降低图像的质量。该图像格式仅适合那些颜色不是太丰富的图像，如卡通画、颜色比较单调的照片等。

在 Photoshop 中，通过选择"文件"→"保存为 Web 所用格式"命令可将当前图像以优化的 GIF 格式输出，并可利用打开的"存为 Web 格式"对话框设置是否允许 GIF 图像中保存透明区域，是否支持"交错"特性及设置透明颜色等。

● JPEG（*.jpg、*.jpe）：JPEG 是一种带压缩的文件格式，其压缩率是目前各种图像格式中最高的（可以在保存文件时选择）。但是，JPEG 在压缩时存在一定程度的失真，在制作印刷品时最好不要选择此格式。总的来说，该格式图像适合于保存只用于在屏幕上显示的图像，例如作为多媒体与网页素材。JPEG 格式支持 RGB、CMYK 和灰度颜色模式，但不支持 Alpha 通道。与 GIF 格式相比，JPEG 格式的优点是压缩率高、色彩丰富，缺点是不支持透明颜色和交错特性。因此，该格式比较适合那些色彩比较丰富的图像，如颜色比较丰富的照片等。

● TIFF（*.tif）：这是一种通用的图像格式，几乎所有的扫描仪和多数图像软件都支持这一格式。该格式支持 RGB、CMYK、Lab、索引颜色、位图和灰度颜色模式，支持非压缩方式和 LZW、ZIP、JPEG 等压缩方式，并可在选用 JPEG 压缩方式时选择压缩质量。

● PDF（*.pdf）：该格式是由 Adobe 公司推出的，它主要用于网上出版。它以 PostScript Level 2 语言为基础，可以覆盖矢量式图像和点阵式图像，并且支持超级链接。PDF 格式是由 Adobe Acrobat 软件生成的文件格式，该格式可以保存多页信息，其中可以包含图形和文本。此外，由于该格式支持超级链接，因此是网络下载经常使用的文件格式。PDF 格式支持 RGB、索引颜色、CMYK、灰度、位图和 Lab 颜色模式，但不支持 Alpha 通道。

第 2 章

Photoshop 图像合成方法

能力目标

1. 能够运用矢量蒙版合成图像
2. 能够运用剪贴蒙版合成图像
3. 能够运用图层蒙版合成图像

知识目标

1. 能够运用矢量蒙版合成图像
2. 能够运用剪贴蒙版合成图像
3. 能够运用图层蒙版合成图像

素养目标

1. 操作规范，符合 "5S" 管理
2. 具备举一反三和总结归纳能力
3. 具有积极向上和踏实认真的学习态度

2.1 蒙 版

2.1.1 蒙版概述

"蒙版" 一词源自摄影，是指用来控制照片不同区域曝光的传统暗房技术。Photoshop 中的蒙版与曝光无关，但它借鉴了区域处理这一概念。在 Photoshop 中，蒙版是一种用于遮盖图像的工具，可以用它将部分图像遮住，从而控制画面的显示内容。这样做并不会删除图像，而只是将其隐藏起来，因此，蒙版是一种非破坏性的编辑工具。

蒙版是用于合成图像的重要工具。Photoshop 蒙版分为好多种，它们的功能也各不相同。例如，快速蒙版是用于编辑选区的工具。除此之外，还有矢量蒙版、剪贴蒙版、图层蒙版、混合颜色带等，这几种蒙版都可以实现选中与抠图同步。不过，它们的原理和工作方式大不相同，其中，矢量蒙版是基于矢量功能的蒙版，剪贴蒙版基于图形的形状，图层蒙版和混合颜色带基于像素的明度。

> **技巧提示：** 非破坏性编辑就是不破坏图像、可进行还原的一种编辑方法。1995 年，Photoshop 3.0 版本中出现了图层，它奠定了非破坏性编辑的基础，其后，各种非破坏性编辑功能都以图层为依托相继诞生，如调整图层、填充图层、矢量蒙版、剪贴蒙版、图层样

式、智能对象、智能滤镜等。非破坏性编辑是图形图像处理的大趋势，层、调整层、蒙版这些功能在动画软件 Flash、影视后期特效软件 After Effects 中也有。

2.1.2　蒙版与选区的关系

快速蒙版与选区的关系最为密切，因为它本身就是用于编辑选区的工具，而矢量蒙版、剪贴蒙版、图层蒙版则包含选区。

蒙版与选区可以相互转换。例如，创建选区之后，如图 2-1 所示，单击"图层"面板 按钮创建图层蒙版，选区就会转换到图层蒙版中，如图 2-2 所示；如果单击"路径"面板底部的 按钮，再执行"图层"→"矢量蒙版"→"当前路径"命令创建矢量蒙版，则选区又会变为路径，再转换到矢量蒙版中，如图 2-3 和图 2-4 所示。

图 2-1　选区

图 2-2　单击 按钮，选区转化到图层蒙版中

图 2-3　单击 按钮，选区变路径

图 2-4　将路径转换到矢量蒙版中

创建蒙版之后，按住 Ctrl 键并单击图层蒙版或矢量蒙版的缩览图，可以将蒙版中的选区载入图像画面中，如图 2-5 所示。如果文档中有现成的选区，则载入蒙版选区时，也可以通过相应的按键进行选区运算。

微课 2-1　蒙版
与选区关系

图 2-5　按住 Ctrl 键并单击蒙版缩览图，将蒙版中的选区载入画面

技巧提示： 图层蒙版中的灰色能使图像呈现半透明效果，从这样的蒙版中可以获得带有羽化效果的选区，如图2-6所示。

图2-6 获得带羽化效果的选区

剪贴蒙版的特殊之处在于，它是以基底图层中的透明区域来充当蒙版的。按住 Ctrl 键并单击基底图层的缩览图，可以从它的不透明区域中载入选区，如图2-7所示。

图2-7 剪贴蒙版

蒙版与选区能互相转换，说明对蒙版进行编辑时，也是在间接地修改选区。

2.2 矢量蒙版

矢量蒙版是从钢笔工具绘制的路径或形状工具绘制的矢量图形中生成的蒙版，它与分辨率无关，可以任意缩放、旋转和扭曲而不会产生锯齿。

矢量蒙版将矢量图形引入蒙版中，丰富了蒙版的多样性，也提供了一种可以在矢量状态下编辑蒙版的特殊方式。创建矢量蒙版以后，可以对路径进行编辑和修改，也可以使用钢笔工具、形状工具向蒙版中添加形状，从而改变蒙版的遮盖区域。

第1步：打开素材。按快捷键 Ctrl + O 打开素材，如图2-8所示。下面通过矢量蒙版将小女孩限定在心形图形内，制作出一个可爱的相册页面效果。先使用移动工具 ▶╋ 将小女孩拖入背景文档中；再按下快捷键 Ctrl + [，将生成的图层调整到"组 1"的下方，如图 2 - 9 和图 2 - 10 所示。

图 2 - 8　素材　　　　　　图 2 - 9　图层　　　　　图 2 - 10　移入图片

第 2 步：选定自定形状工具 🐾 。在工具选项栏中按下"路径"按钮 🔳 ，再单击形状工具按钮，在弹出的面板中执行"全部"命令，载入 Photoshop 提供的所有形状，然后选择心形图形，如图 2 - 11 所示。在画面中绘制该图形，如图 2 - 12 所示。

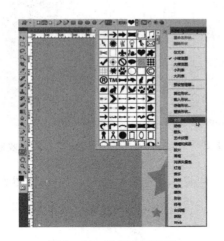

图 2 - 11　选择心形图形　　　　　　图 2 - 12　绘制心形图形

第 3 步：执行"图层"→"矢量蒙版"→"当前路径"命令，基于路径创建矢量蒙版，将路径区域以外的图像隐藏，如图 2 - 13 和图 2 - 14 所示。

图 2－13　矢量蒙版

图 2－14　第 3 步完成效果

第 4 步：双击"图层 1"，打开"图层样式"对话框，添加"描边"效果，如图 2－15 ～
图 2－17 所示。

图 2－15　双击"图层 1"

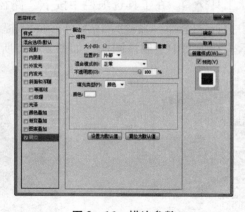

图 2－16　描边参数

图 2－17　描边效果

第 5 步：在"组 1"的眼睛图标◉处单击，将该组显示出来，如图 2－18 和如图 2－19
所示。

图 2－18　点开组

图 2－19　第 5 步完成效果

第 6 步：展开图层组，双击"电话"图层，打开"图层样式"对话框，为它添加"投影"和"描边"效果，如图 2-20~图 2-23 所示。

图 2-20　添加投影效果

图 2-21　添加描边效果

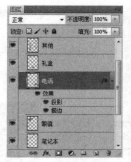

图 2-22　添加完成

图 2-23　第 6 步完成效果

第 7 步：按住 Alt 键，将"电话"图层的效果图标 *fx* 拖动到"礼盒"图层下，为该图层复制相同的效果，如图 2-24 和图 2-25 所示。

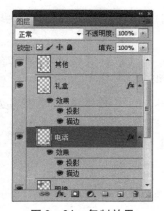

图 2-24　复制效果

图 2-25　第 7 步完成效果

第 8 步：采用同样方法，将效果复制给上面的两个图层，如图 2-26 和图 2-27 所示。

图 2-26　复制效果

图 2-27　第 8 步完成效果

微课 2-2　小女孩

矢量蒙版编辑技巧

◆ 在矢量蒙版中添加路径或进行图形运算：单击矢量蒙版的缩览图，进入蒙版编辑状态（画面中会显示路径），此时可选择椭圆工具或其他形状工具（如钢笔工具、自定义形状工具等），按下工具选项栏中的"路径"按钮 ⬚，以及相应的路径运算按钮 ⬚⬚⬚⬚，在画面中绘制图形进行路径运算，如图 2-28 所示。

按 ⬚ 效果　　　按 ⬚ 效果　　　按 ⬚ 效果　　　按 ⬚ 效果

图 2-28　矢量蒙版

◆ 删除矢量蒙版中的子路径：选择路径选择工具 ▸，单击蒙版中的子路径，按下 Delete 键即可将其删除。

◆ 移动与变换矢量蒙版：创建矢量蒙版后，图像缩览图与蒙版缩览图中间会出现一个链接图标 ⬚，单击该图标取消链接，即可单独对图像或蒙版进行移动和变换。

◆ 停用/启用矢量蒙版：按住 Shift 键并单击矢量蒙版缩览图，可以暂时停用蒙版（缩览图上会出现一个红色的"×"），图像也恢复为添加蒙版前的状态；按住 Shift 键并再次单击蒙版缩览图，则可恢复蒙版。

◆ 删除矢量蒙版：选择矢量蒙版所在的图层，执行"图层"→"矢量蒙版"→"删除"命令，可删除蒙版。

2.3　剪贴蒙版

剪贴蒙版是一种可以快速隐藏图像内容的蒙版，它能够用下方图像限定上层图像的显示范围。例如，图 2-29 所示为一个分层的文件，图 2-30 所示是创建的剪贴蒙版，可以看到，"人像"层的显示范围被限定在了"图层 1"的图形区域内。

剪贴蒙版的结构比较特殊。在剪贴蒙版组中，最下面的图层叫作"基底图层"，它的名称带有下划线；位于它上面的图层叫作"内容图层"，它们的缩览图是缩进的，并带有 ↓ 状图标（指向基底图层），如图 2-31 所示。基底图层中的透明区域充当了整个剪贴蒙版组的蒙版。直白地说，就是基底图层的透明区域就像蒙版一样，将内容层中的图

图 2 – 29　原图像及图层结构

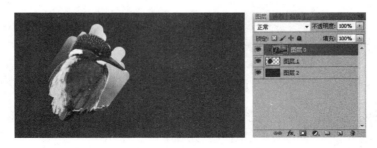

图 2 – 30　创建剪贴蒙版后的图像效果及图层状态

像隐藏起来，因此，移动基底图层，就可以改变内容层中图像的显示区域，如图 2 – 32 所示。

图 2 – 31　图层状态

图 2 – 32　显示最终效果

技巧提示：矢量蒙版和图层蒙版都只能应用于一个图层，而剪贴蒙版则可以控制多个图层。也就是说，在剪贴蒙版组中，一个基底图层可以控制其上方多个图层的显示范围。不过有一个前提条件，就是这些图层必须是上下相邻的。

下面通过剪贴蒙版制作一个在剪影中显示图像的视觉特效。这是电影海报中常用的表现形式，在网站上也比较常见，例如文字或图形中可以显示图像，大多是用剪贴蒙版制作的。

第 1 步：新建文件。按下快捷键 Ctrl + N，打开"新建"对话框，创建一个文档，如图 2 – 33 所示。

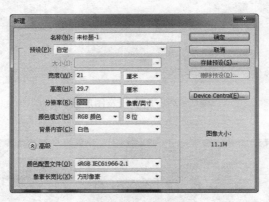

图 2 – 33　新建对话框

第 2 步：填色。单击工具箱中的前景色图标，打开"拾色器"调整前景色，如图 2 – 34 所示。按下快捷键 Alt + Delete 给画面填色，如图 2 – 35 所示。

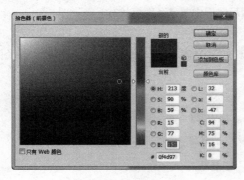

图 2 – 34　拾色器　　　　　　　　　　　图 2 – 35　填充蓝色

第 3 步：移入素材。打开人物素材文件，如图 2-36 所示。使用移动工具 将它拖入新建的文档中，如图 2-37 所示。

图 2-36　人物素材　　　　　　　　　图 2-37　移入人物

第 4 步：设置图层模式。设置图层的混合模式为"正片叠底"，不透明度为 35%，如图 2-38 和图 2-39 所示。

图 2-38　移入图层　　　　　　　　　图 2-39　调整图层模式

第 5 步：调整边缘。再打开一个人像文件，使用矩形选框工具 创建选区，如图 2-40 所示。单击工具选项栏中的"调整边缘"按钮，打开"调整边缘"对话框，对选区进行羽化，如图 2-41 所示。

图 2-40　绘制选区　　　　　　　　　图 2-41　调整边缘

第6步：移动图像。单击"确定"按钮关闭对话框，如图 2-42 所示。使用移动工具 ▶┿ 将选中的图像拖入新建的文档中，如图 2-43 所示。

图 2-42　确定后

图 2-43　移入文档

第7步：设置图层模式。设置图层的混合模式为"柔光"，不透明度为 40%，如图 2-44 和图 2-45 所示。

图 2-44　柔光模式

图 2-45　降低不透明度

第8步：打开文件。按下快捷键 Ctrl + O，弹出"打开"对话框，选中一个矢量文件，如图 2-46 所示。在"栅格化 EPS 格式"对话框，设置参数，如图 2-47 所示。

第9步：移入素材。打开该文档，如图 2-48 所示。将它拖入背景文档中，如图 2-49 所示。

第10步：移入素材。打开火焰素材，如图 2-50 所示。将它拖入背景文档中，如图 2-51 所示。

第11步：剪贴蒙版。按下快捷键 Ctrl + Alt + G 创建剪贴蒙版，将火焰的显示范围限定在下方的人像图形内，如图 2-52 和图 2-53 所示。

第12步：录入文字。最后使用横排文字工具 T 输入一些文字，如图 2-54 所示。

图 2 – 46　打开素材　　　　　　　　　　图 2 – 47　栅格化 EPS 格式

图 2 – 48　打开素材　　　　图 2 – 49　移入人物　　　　图 2 – 50　火焰素材

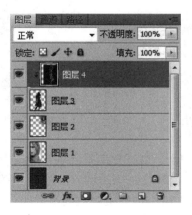

图 2 – 51　移入火焰　　　　图 2 – 52　剪贴蒙版　　　　图 2 – 53　完成效果

微果 2 – 3　时尚达人

图 2 – 54　最终效果

➢ 创建剪贴蒙版：将光标放在两个图层的分隔线上，按住 Alt 键（光标变为 状），单击即可创建剪贴蒙版，如图 2 – 55 所示。按住 Alt 键再次单击，则释放剪贴蒙版，如图 2 – 56 所示。

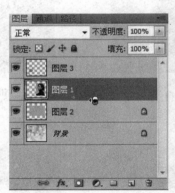

图 2 – 55　按 Alt 键创建剪贴蒙版

➢ 在剪贴蒙版组中加入新的图层：将一个图层拖入剪贴蒙版组，即可将其加入剪贴蒙版组中，如图 2 – 57 所示。

➢ 控制剪贴蒙版组的不透明度和混合模式：在剪贴蒙版组中，所有图层都会被 Photoshop 视为一个层，它们使用基底图层的不透明度和混合模式属性，因此，调整基底图层的不透明度或混合模式，即可改变整个剪贴蒙版组的不透明度和混合模式。例如，图 2 – 58 所示是将基底图层混合模式调整为"正片叠底"后的效果，可以看到，两个内容图层都受到

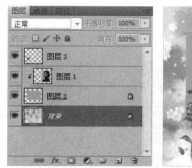

图 2−56　按 Alt 键释放剪贴蒙版

图 2−57　添加进入剪贴蒙版组

该模式的影响而与"背景"图层产生了混合。调整内容图层时，仅控制其自身的不透明度和混合模式。

图 2−58　图层模式调整为正片叠底

➢ 释放剪贴蒙版：如果剪贴蒙版组由多个图层组成，想要释放中间的一个内容图层而不想影响其他图层，可将该图层拖动到剪贴蒙版以外的图层上；如果要释放整个剪贴蒙版组，可以选择基底图层，然后执行"图层"→"释放剪贴蒙版"命令，或按下快捷键 Ctrl +

Alt + G。此外，也可以按住 Alt 键在基底图层与它上面第一个内容图层的分隔线上单击，如图 2 - 59 所示。

图 2 - 59　释放剪贴蒙版

2.4　图层蒙版

图层蒙版是一个 256 级色阶的灰度图像，它蒙在图层上面，起到遮盖图层的作用，然而其本身并不可见。

在图层蒙版中，纯白色对应的图像是可见的，纯黑色会遮盖图像，灰色区域会使图像呈现出一定程度的透明效果，如图 2 - 60 所示。基于以上原理，当想要隐藏图像的某些区域时，为它添加一个蒙版，再将相应的区域涂黑即可；想让图像呈现出半透明效果，可以将蒙版涂灰。

图 2 - 60　添加蒙版后的效果

图层蒙版是位图图像，几乎可以使用所有的绘画工具来编辑它。例如，用柔角画笔修改蒙版可以使图像边缘产生逐渐淡出的过渡效果，如图 2 - 61 所示；用渐变编辑蒙版可以将当前图像逐渐融入另一个图像中，图像间的融合自然、平滑，如图 2 - 62 所示。最终效果如图 2 - 63 所示。

抠图时，如果现有的工具无法让选区变得精确，不妨将选区转换到蒙版中，再用绘画工具或者滤镜等对其进行修饰。下面就通过实例来看一看具体该怎样操作。

图 2-61   画笔柔边的蒙版效果

图 2-62   渐变编辑的蒙版效果

（a）   （b）

图 2-63   素材和实例效果

（a）素材；（b）实例效果

第 1 步：打开文件。按下快捷键 Ctrl + O，打开两张素材文件，如图 2-64 所示。

第 2 步：移入素材。使用移动工具 将小男孩拖入鼠标文档中。单击"图层"面板底部的 按钮，创建图层蒙版。图层右侧会出现一个白色的缩览图，它就是蒙版，此时的图像不会有任何变化，如图 2-65 所示。

第 3 步：选中背景。用快速选择工具 选中背景，如图 2-66 所示。选中投影也不要紧，只要有个大概的选区即可。

图 2 – 64 素材

图 2 – 65 移入图片

图 2 – 66 选择背景

第 4 步：填充黑色。添加蒙版以后，工具箱中的前景色变为黑色，按下快捷键 Alt + Delete 在选区内填充黑色。当前正处于蒙版编辑状态，填充的黑色会应用到蒙版中，如图 2 – 67 所示。按下快捷键 Ctrl + D 取消选择。观察图像发现，蒙版中的黑色将小孩的背景遮挡住了，但图像并没有被删除，因为图像缩览图仍然是完整的。

图 2-67　蒙版效果

第 5 步：画笔应用。选择画笔工具 ，按下 X 键将前景色切换为白色，在小孩的手臂、鞋子下方涂抹，如图 2-68 所示。可以看到，被涂抹过的地方，图像又重新显现出来了。

图 2-68　画笔涂影

第 6 步：融合效果。现在投影效果有些生硬，与鼠标融合得不那么自然，也需要蒙版来帮忙。将前景色设置为黑色，画笔的不透明度调整为 50%，如图 2-69 所示。

图 2-69　画笔参数

第 7 步：涂抹效果。再次涂抹投影，如图 2-70 所示。由于调整了画笔的不透明度，涂抹出的不再是黑色而是灰色，蒙版中的灰色使投影变淡，合成效果就显得更加真实了。

微课 2 - 4　时尚达人

图 2 - 70　涂抹投影

第 3 章

Photoshop 图像调色方法

📖 能力目标

1. 能够替换图像颜色
2. 能够对图像进行着色
3. 能够处理曝光不足的照片
4. 能够调整偏色的图像

📠 知识目标

1. 了解色彩的基本常识
2. 熟练掌握色彩平衡、可选颜色、色阶、曲线、色相/饱和度等调色命令的使用方法
3. 能够通过调整图层给图像进行调色

🔨 素养目标

1. 操作规范，符合"5S"管理
2. 具备独立思考和分析能力
3. 培养学生的沟通、团队协作和勇于挑战的能力

3.1 颜色模式

图像是有色彩的，为了管理色彩，业界规定了不同的色彩模式，包括 RGB（表示红、绿、蓝）模式、CMYK（表示青、洋红、黄、黑）模式、灰度模式、Lab 模式等。Photoshop 通行的是 RGB 模式，RGB 模式下所有工具和命令都能使用。

3.1.1 RGB 模式

RGB 模式是由红、绿、蓝三种颜色按不同的比例混合而成的，也称为真彩色模式，它是最为常见的一种色彩模式。在"颜色"和"通道"面板中显示的颜色和通道信息如图 3-1 所示。

3.1.2 CMYK 模式

CMYK 模式是印刷时使用的一种颜色模式，由 Cyan（青）、Magenta（洋红）、Yellow（黄）和 Black（黑）4 种色彩组成。为了避免和 RGB 模式的 3 种基本颜色中的 Blue（蓝）发生混淆，其中的黑色就用 K 来表示。在"颜色"和"通道"面板中显示的颜色和通道信息如图 3-2 所示。

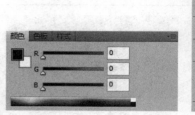

图 3-1   RGB 模式

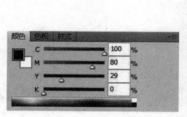
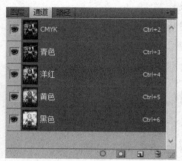

图 3-2   CMYK 模式

3.1.3   灰度模式

灰度模式中只存在灰度，这种模式包括从黑色到白色之间不同深浅的灰色调。在灰度文件中，图像的色彩饱和度为 0，亮度是唯一能够影响灰度图像的选项。在"颜色"和"通道"面板中显示的颜色和通道信息如图 3-3 所示。

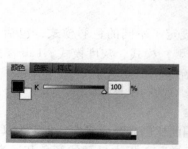
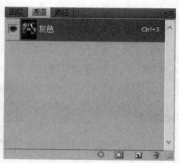

图 3-3   CMYK 模式

3.1.4   Lab 模式

Lab 模式是由 RGB 模式的 3 种基本色转换而来的。其中 L 表示图像的亮度，取值范围为 0～100；a 表示由绿色到红色的光谱变化，取值范围为 -120～120；b 表示由蓝色到黄色的光谱变化，取值范围与 a 的相同。在"颜色"和"通道"面板中显示的颜色和通道信息如图 3-4 所示。

图 3 - 4 Lab 模式

3.1.5 HSB 模式

HSB 模式以人类对颜色的感觉为基础，描述了颜色的 3 种基本特征。

色相：从物体反射或透过物体传播的颜色。在 0°～360°的标准色轮上，按位置度量色相。在通常的使用中，色相由颜色名称识别，如红色、橙色或绿色。

饱和度（彩度）：颜色的强度或纯度。饱和度表示色相中灰色分量所占的比例，它使用 0（灰色）～100（完全饱和）的百分比来度量。在标准色轮上，饱和度从中心到边缘递增。

亮度：颜色的相对明暗程度，通常使用 0（黑色）～100（白色）的百分比来度量。

> **技巧提示：**颜色模式的选用需要根据文件的使用来定。不需要进行打印或印刷的图像，通常使用 RGB 模式；用于印刷时，则应使用 CMYK 模式；如果需要黑白照片效果，则使用灰度模式。

3.2 颜色的加减

3.2.1 影调

图像根据明暗程度不同，可以大致划分为阴影、高光和中间调三个影调区域，如图 3 - 5 所示。在 Photoshop 中对图像进行色彩处理时，可以有针对性地对某一个区域，如高光或者暗调区域的颜色进行调整。

图 3 - 5 图片影调示意图

技巧提示：如果一张图像偏色，那么通常其三个区域都会出现偏色，只不过三个区域的偏色程度有所不同。因此，在调整偏色图像的时候，得注意三个区域有可能都需要进行调整。

3.2.2　颜色的加减

一张图像的颜色通常包括明暗和色彩两部分。明暗很容易理解，大家调整电视亮度、电脑显示器亮度，就是在改变明暗。因此，这里只说说改变色彩的方法。常用的色彩改变方法有增减本色法、增减补色法及增减明度和饱和度法。

1. 增减本色法

增减本色法是指对图像整体所偏向的色调进行增加或减少来改变图像颜色的方法。例如，可以通过"图像"→"调整"→"可选颜色"命令选中图 3-6 所示图像中的绿色，然后增减其成分值来对图像整体色调进行调整。例如，增加和减少图像中的绿色得到的效果如图 3-7 和图 3-8 所示。

图 3-6　原图

图 3-7　增加绿色的效果

图 3-8　减少绿色的效果

> **技巧提示**：这里选择绿色后，具体调整的是青色和黄色，因为绿色由青色和黄色组成，因此增减绿色就是增减青色和黄色成分。

色彩搭配知识

◆ 在 Photoshop 中，常见的颜色有 6 个，即红、绿、蓝、青、洋红和黄。这 6 个颜色的关系是：红色＝洋红＋黄，绿色＝青＋黄，蓝＝青＋洋红，青＝绿＋蓝，洋红＝红＋蓝，黄＝红＋绿。

◆ 色相环中相对 180°的，等量互相调和起来变成灰色或黑色的叫互补色。在 Photoshop 中，青色与红色互补，洋红与绿色互补，黄色与蓝色互补。

◆ 在 Photoshop 中，明度是指色彩明暗深浅的差异程度，如白色最高，黑色最低。饱和度是指色彩饱和的程度，或者指色彩的纯净程度。生活中经常会说这个颜色不纯正、不好看，说的就是纯度。对于色彩，纯度最高的颜色就是纯色，是一种鲜艳的颜色；反之，纯度越低，色彩就会越浑浊。

2. 增减补色法

增减补色法是指通过增加或减少互补色来改变图像颜色的方法。如图 3 - 9 所示，其整体色调偏蓝色，可以通过"图像"→"调整"→"色彩平衡"命令来增加图像的互补色，即黄色，从而达到改变图像颜色的效果，如图 3 - 10 所示。

图 3 - 9　原图

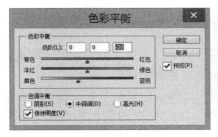 

图 3 - 10　增加补色后

3. 增减明度和饱和度法

增减明度和饱和度法是指对图像的明度和饱和度进行增加或减少的方法。例如图 3 - 11 所示的图形，通过使用"图像"→"调整"→"色相/饱和度"命令可以增加或减少图像的明度和饱和度，如图 3 - 12 和图 3 - 13 所示。

图 3-11 原图

图 3-12 增加明度和饱和度后

图 3-13 减少明度和饱和度后

3.2.3 记忆色

记忆色是指人们在长期实践中对某些颜色的认识形成了深刻的记忆，因此对这些颜色的认识有一定的规律并形成固有的习惯，这类颜色就称为记忆色。

在生活中，常见的颜色是人类的肤色、树木、绿草、蓝天和泥土等。这些颜色都深深地印在人们大脑里，当屏幕还原这些颜色的时候，与记忆中的颜色相匹配，观众就会感到满意；反之，观众就会感到不安，甚至讨厌。

3.3 改变明暗、对比度

在调整图片明暗、对比度的时候，经常用到的命令有"色阶"和"曲线"，此外，还有一些其他的方法。

3.3.1　色阶

"色阶"命令主要用来调整图像中颜色的明暗度。它能对图像的阴影、高光和中间调的强度做调整，不仅可以对整个图像进行操作，还可以对图像的某一选区、某一图层图像或者某一个颜色通道进行操作。

选择"图像"→"调整"→"色阶"命令，或者按快捷键 Ctrl + L，将打开"色阶"对话框，如图 3 – 14 所示。可以对"色阶"对话框中的三角形滑块进行左右拖动，向左拖动滑块可以增加图像的亮度，向右拖动滑块可以增加图像的暗度。

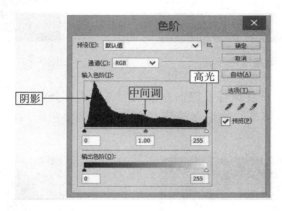

图 3 – 14　"色阶"对话框

第 1 步：打开素材。执行"文件"→"打开"命令，或按快捷键 Ctrl + O，打开素材"有趣 1. tif"，将看到整个图片，如图 3 – 15 所示。

图 3 – 15　原图

第 2 步：暗调调整。选择"图像"→"调整"→"色阶"命令，打开"色阶"对话框。按住鼠标左键向右拖动上方阴影部分的三角形滑块，具体参数如图 3 – 16 所示，从而得到图 3 – 17 所示的效果。

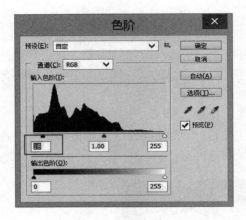

图 3 – 16　调整色阶（1）

图 3 – 17　调整效果（1）

第 3 步：高光调整。按住鼠标左键向左拖动上方高光部分的三角形滑块，具体参数如图 3 – 18 所示。调整好后，单击"确定"按钮，即可得到调整色阶后的图像效果，如图 3 – 19 所示。

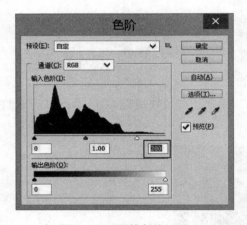

图 3 – 18　调整色阶（2）

图 3 – 19　调整效果（2）

第 4 步：中间调调整。按住鼠标左键向右拖动上方中间调部分的三角形滑块，可以增加中间调部分亮度。具体参数如图 3 – 20 所示。调整好后，单击"确定"按钮，即可得到调整色阶后的图像效果，如图 3 – 21 所示。

常用参数介绍

◆"通道"下拉列表框：用于设置要调整的颜色通道，包括图像的色彩模式和原色通道，用于选择需要调整的颜色通道。

◆"输入色阶"区域：从左至右分别用于设置图像的阴影色调、中间色调和高光色调。可以在文本框中直接输入相应的数值，也可以拖动色调直方图底部滑条上的 3 个滑块进行调整。

◆"输出色阶"区域：用于调整图像的亮度和对比度，范围为 0 ~ 255。

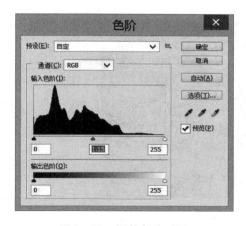

图 3 - 20　调整色阶（3）

图 3 - 21　调整效果（3）

3.3.2　曲线

"曲线"命令在图像色彩的调整中使用得非常广泛，它可以对图像的色彩、亮度及对比度进行综合调整，并且从暗调到亮调范围内可以对多个不同的点进行调整。

选择"图像"→"调整"→"曲线"命令，或者按快捷键 Ctrl + M，将打开"曲线"对话框，如图 3 - 22 所示。

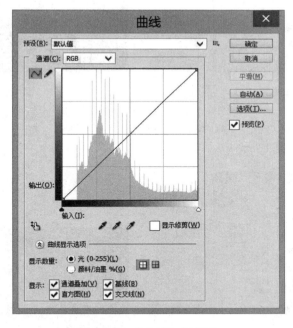

图 3 - 22　"曲线"对话框

第 1 步：打开素材。执行"文件"→"打开"命令，或按快捷键 Ctrl + O，打开素材"有趣 2. tif"，如图 3 - 23 所示。

第 2 步：增加图像的整体亮度。选择"图像"→"调整"→"曲线"命令，打开"曲线"对话框。在曲线中间单击鼠标左键，创建一个节点，然后按住鼠标将其向上拖动，如图 3 - 24 所示，增加了图像的整体亮度，得到图 3 - 25 所示的效果。

图 3 – 23　原图

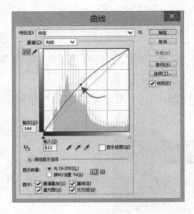

图 3 – 24　调整曲线（1）

图 3 – 25　图像效果（1）

第 3 步：使图像整体变暗。按住鼠标左键将节点向下拖动，如图 3 – 26 所示，使图像整体变暗，得到图 3 – 27 所示的效果。

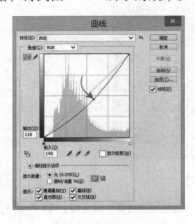

图 3 – 26　调整曲线（2）

图 3 – 27　图像效果（2）

第 4 步：把图像高光部分提亮。如果上面两种效果都不是很理想，可以把节点移到曲线的上方，也就是曲线的"高光"部分，然后按住鼠标左键将其向上拖动，如图 3 – 28 所示。

把图像高光部分提亮，得到图 3 - 29 所示的效果。

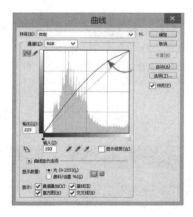

图 3 - 28　调整曲线（3）

图 3 - 29　图像效果（3）

第 5 步：把图像阴影部分压暗。在曲线的"中间调"与"阴影"之间单击鼠标左键，再新建一个节点，然后按住鼠标将其向下拖动，如图 3 - 30 所示。加强图像阴影部分与高光部分的对比，得到图 3 - 31 所示的效果。

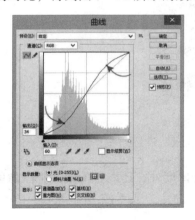

图 3 - 30　调整曲线（4）

图 3 - 31　图像效果（4）

常用参数介绍

◆ "通道"下拉列表框：用于显示当前图像的色彩模式，可以从中选取单色通道来对单一的色彩进行调整。

◆ ⏜ 按钮：是系统默认的曲线工具，可以通过编辑曲线上的节点来调整曲线。

◆ "输入"文本框：用于显示原图像的亮度值，与色调曲线的水平轴相同。

◆ "输出"文本框：用于显示图像处理后的亮度值，与色调曲线的垂直轴相同。

3.3.3　其他方式

在 Photoshop 中，有些命令可以快速调整图像的明暗，如"亮度/对比度"和"自动对比度"这两个命令都包含在"图像"菜单中。

1. 亮度/对比度

使用"亮度/对比度"命令能整体调整图像的亮度和对比度，从而实现对图像色调的调整。

打开图 3-32 所示的图像，然后执行"图像"→"调整"→"亮度/对比度"命令，打开"亮度/对比度"对话框。拖动"亮度"和"对比度"下面的滑块，如图 3-33 所示，调整后得到图 3-34 所示的效果。

图 3-32　图片素材

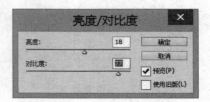

图 3-33　数值设置

图 3-34　调整后的效果

2. 自动对比度

"自动对比度"命令除了能自动调整图像色彩的对比度外，还能方便地调整图像的明暗度。例如，对图 3-35 所示的图像使用"自动对比度"命令，或者按 Alt + Shift + Ctrl + L 组合键，即可得到图 3-36 所示的效果。

图 3-35　原图

图 3-36　调整自动对比度

3.4　改变颜色偏向

在 Photoshop 中可以通过"色彩平衡""色相/饱和度""可选颜色"等命令来改变图像

颜色的偏向，下面将对这些命令进行介绍。

3.4.1　色彩平衡

使用"色彩平衡"命令可以更改图像的总体颜色偏向，并且在暗调区、中间调区和高光区通过控制各个单色的成分来平衡图像的色彩。

执行"图像"→"调整"→"色彩平衡"命令，或按快捷键 Ctrl + B，将打开"色彩平衡"对话框，如图 3 - 37 所示。

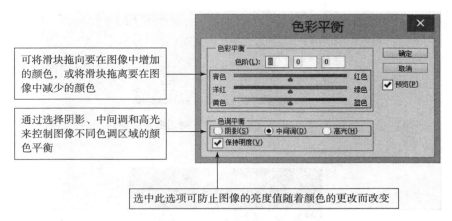

图 3 - 37　"色彩平衡"对话框

第 1 步：打开素材。执行"文件"→"打开"命令，或按快捷键 Ctrl + O，打开素材"面具 . tif"，将看到整个图片，如图 3 - 38 所示。

图 3 - 38　素材

第 2 步：调整色彩平衡。选择"图像"→"调整"→"色彩平衡"命令，打开"色彩平衡"对话框，并设置其"阴影""中间调"和"高光"的参数，如图 3 - 39 所示。

第 3 步：最终效果。设置完成后，单击"确定"按钮，效果如图 3 - 40 所示。

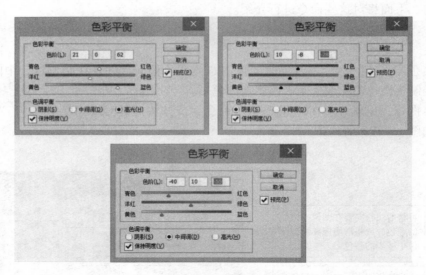

图 3 – 39 设置"色彩平衡"对话框中的参数

图 3 – 40 最终效果

常用参数介绍

◆ 色彩平衡：在"色阶"数值栏中输入数值或者拖动滑块，可向图像中增加或减少颜色。

◆ 色调平衡：可选择一个色调范围进行调整，包括"阴影""中间调"和"高光"。

3.4.2 色相/饱和度

使用"色相/饱和度"命令可以调整整个图像中单个颜色成分的色相、饱和度和明度。执行"图像"→"调整"→"色相/饱和度"命令，或按快捷键 Ctrl + U，将打开"色相/饱和度"对话框，如图 3 – 41 所示。

第 1 步：打开素材。执行"文件"→"打开"命令，或按快捷键 Ctrl + O，打开素材"鸟 . tif"，如图 3 – 42 所示。

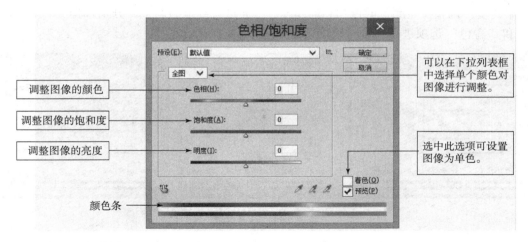

图 3-41　"色相/饱和度" 对话框

图 3-42　素材

第 2 步：调整全图饱和度。执行 "图像"→"调整"→"色相/饱和度" 命令，打开 "色相/饱和度" 对话框，增加图像饱和度，如图 3-43 所示。

图 3-43　增加图像饱和度

第3步：调整特定颜色的色相和饱和度。下面进行细节的调整，分别选择"红色""黄色"和"青色"选项进行调整，数值设置如图3-44所示。

图3-44　数值设置

第4步：最终效果。设置完成后，单击"确定"按钮，最终效果如图3-45所示。

图3-45　最终效果

常用参数介绍

◆ 颜色编辑框：在下拉列表中可以选择要调整的颜色。选择"全图"选项，可以调整图像中所有的颜色；选择其他选项，则可以单独调整红色、黄色、绿色和青色等颜色。

◆ 色相：拖动该滑块可以改变图像的色相（即改变图像的颜色）。

◆ 饱和度：向右侧拖动滑块可以增加饱和度，向左侧拖动滑块则可以减少饱和度。

◆ 明度：向右侧拖动滑块可以增加亮度，向左侧拖动滑块可以减少亮度。

◆ 着色：选择该选项，可以将图像转换为只有一种颜色的单色图像。变为单色图像后，拖动"色相"和"饱和度"滑块，可以调整图像的颜色。

◆ 颜色条：上面的颜色条显示调整前的颜色，下面的颜色条显示调整如何以全饱和状态影响所有色相。如果在颜色编辑框中选择一种颜色，则该对话框中会出现四个色轮值。它们与出现在这些颜色条之间的调整滑块相对应，两个内部的垂直滑块定义了颜色范围，两个外部的三角滑块则显示了在调整颜色范围时在何处衰减。

3.4.3　可选颜色

使用"可选颜色"命令可以有选择地修改图像中某种颜色的印刷色数量而不会影响其他颜色。单击"图像"→"调整"→"可选颜色"命令，将打开"可选颜色"对话框，如图 3 - 46 所示。

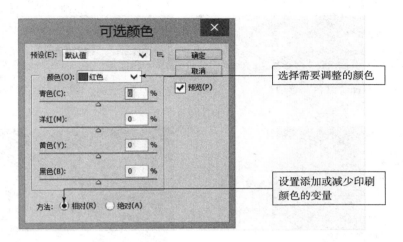

图 3 - 46　"可选颜色"对话框

第 1 步：打开素材。执行"文件"→"打开"命令，或按快捷键 Ctrl + O，打开素材"漂亮小鸟 . tif"，如图 3 - 47 所示。

图 3 - 47　素材

第 2 步：选择红色进行调整。执行"图像"→"调整"→"可选颜色"命令，打开"可选颜色"对话框。如果要增加图像的红色，可从"颜色"下拉列表框中选择"红色"选项。通过减少青色和增加洋红来增加图像的红色，数值设置如图 3 - 48 所示，得到图 3 - 49 所示的效果。

第 3 步：选择青色进行调整。如果要增加图像的青色，可从"颜色"下拉列表框中选择"青色"选项。通过增加青色和减少黄色来增加图像的青色，数值设置如图 3 - 50 所示，得到图 3 - 51 所示的效果。

图 3 - 48　选择"红色"选项

图 3 - 49　增加红色后的效果

图 3 - 50　选择"青色"选项

图 3 - 51　增加青色后的效果

第 4 步：选择黄色进行调整。如果要减少图像的黄色，可从"颜色"下拉列表框中选择"黄色"选项，再向左拖动"黄色"下面的滑块，如图 3 - 52 所示。

第 5 步：最终效果。设置完成后单击"确定"按钮，最终效果如图 3 - 53 所示。

图 3 - 52　选择"黄色"选项

图 3 - 53　最终效果

常用参数介绍

◆ 颜色：在该下拉列表中可以选择要调整的颜色。选择颜色后，可拖动"青色""洋红""黄色"和"黑色"滑块来调整这四种印刷色数量。

◆ 方法：用来设置色值的调整方式。"绝对"比"相对"调整强度大。

3.4.4　其他改变颜色偏向的方法

除了上面介绍的几种改变颜色偏向的命令外，还可以通过"自动色调""自然饱和度""替换颜色"等命令来改变图像的颜色偏向。

1. 自动色调

例如，打开一张需要调整的图像，如图 3-54 所示。选择"图像"→"自动色调"命令，或者按 Shift + Ctrl + L 组合键，软件将自动调整图像的色调，如图 3-55 所示。

图 3-54　图片素材　　　　　　　　　图 3-55　自动调整色调后的效果

2. 自然饱和度

使用"自然饱和度"命令能精细地调整图像饱和度，以便在颜色接近最大饱和度时更贴近自然真实。打开图 3-56 所示的图像，然后执行"图像"→"调整"→"自然饱和度"命令，在打开的"自然饱和度"对话框中，拖动"自然饱和度"和"饱和度"下面的滑块来调整图像，如图 3-57 所示。单击"确定"按钮，得到 3-58 所示的效果。

图 3-56　图片素材　　　　　　　　　图 3-57　数值设置

图 3-58　调整后的效果

3. 自动颜色

使用"自动颜色"命令能够通过搜索图像来调整图像的对比度和颜色。与"自动色调"命令一样，使用"自动颜色"命令后，系统会自动调整图像颜色。例如对图 3 – 59 使用"自动颜色"命令，或者按 Shift + Ctrl + B 组合键，即可得到图 3 – 60 所示的效果。

图 3 – 59　图片素材　　　　　　　　　图 3 – 60　自动调整颜色后的效果

4. 替换颜色

使用"替换颜色"命令可以强制替换颜色。例如打开图 3 – 61 所示的图像，然后执行"图像"→"调整"→"替换颜色"命令，弹出"替换颜色"对话框，单击对话框中的吸管工具到图像上拾取需要调整的颜色，并改变容差值来修改调整的范围，再设置一种新的颜色替换吸取的颜色，如图 3 – 62 所示。调整后的效果如图 3 – 63 所示。

 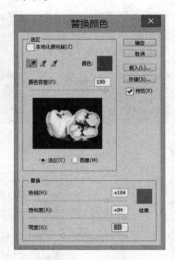

图 3 – 61　图片素材　　　　　　　　　图 3 – 62　数值设置

图 3 – 63　调整后的效果

第 4 章

Photoshop 图像绘画方法

能力目标

1. 能够熟练掌握绘画工具
2. 能够鼠绘图像
3. 能够掌握定义图案的使用方法

知识目标

1. 了解绘画工具的种类
2. 掌握画笔工具的使用方法
3. 掌握填充和描边方法

素养目标

1. 操作规范，符合"5S"管理
2. 具备举一反三和总结归纳能力
3. 具有积极向上和踏实认真的学习态度

4.1 画 笔

除了借助选区或路径、形状进行绘图外，也可以使用画笔、铅笔等绘画工具直接鼠绘需要的图像，如图 4 - 1 所示。

图 4 - 1 鼠绘作品

4.1.1　画笔

画笔工具 主要用于绘制图案，其工具属性栏如图 4 – 2 所示。单击"画笔"右边的三角按钮，即可打开"画笔"弹出式菜单，如图 4 – 3 所示。

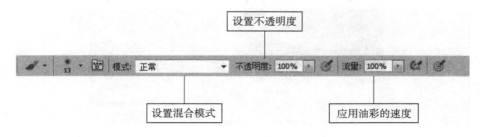

图 4 – 2　画笔工具属性栏

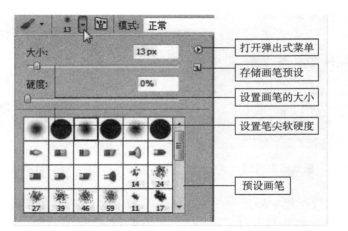

图 4 – 3　画笔工具弹出式菜单

微课 4 – 1　用画笔
工具绘图

第 1 步：新建文件并设置前景色。新建一个文件，然后在工具箱中选择"画笔工具"，新建一个空白图层。单击设置前景色，在弹出的"拾色器（前景色）"对话框中设置颜色，然后单击"确定"按钮，如图 4 – 4 所示。

第 2 步：画笔设置。单击"画笔"右边的三角按钮，打开"画笔"弹出式面板。在预设画笔中选择画笔，拖动"大小"下面的三角滑块设置画笔的大小为"50 px"，或在右边的文本框中输入"50 px"；拖动"硬度"下面的三角滑块，设置画笔的硬度为"15%"，或在右边的文本框中输入"15%"，如图 4 – 5 所示。

第 3 步：绘制图案。设置完成后，将鼠标指针移到图像窗口中，按住鼠标左键绘制图案，如图 4 – 6 所示。

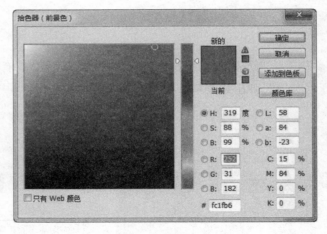

图 4-4　设置前景色

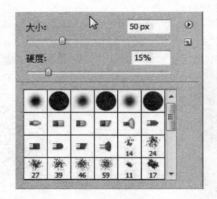

图 4-5　画笔设置（1）

图 4-6　绘制图案（1）

　　第 4 步：选择预设画笔。新建一个图层，然后打开"画笔"的弹出式面板，选择"散布枫叶"画笔，并设置画笔大小为"74 px"，如图 4-7 所示。

　　第 5 步：绘制图案。设置完成后，将鼠标指针移到图像窗口中，按住鼠标左键绘制图案，效果如图 4-8 所示。

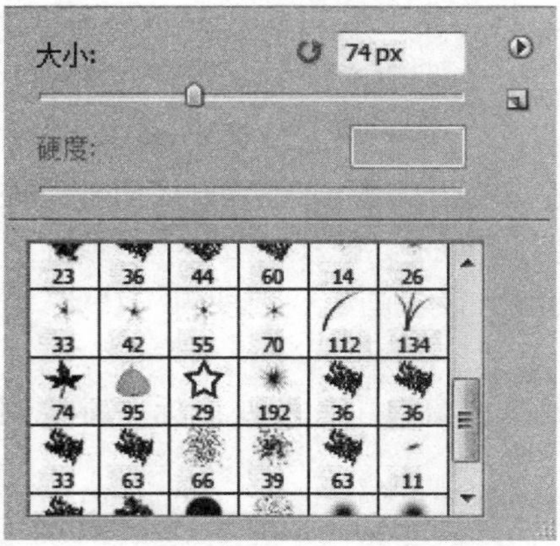

图 4-7　画笔设置（2）

图 4-8　绘制图案（2）

第 6 步：改变图案颜色。执行"图像"→"调整"→"色相/饱和度"命令，打开"色相/饱和度"对话框。调整"图层 2"的色相和饱和度，参数设置如图 4 – 9 所示。设置完成后，单击"确定"按钮，效果如图 4 – 10 所示。

图 4 – 9　"色相/饱和度"对话框

图 4 – 10　图像效果

常用参数介绍
◆ 大小：拖动滑块或者在右侧的文本框中输入数值，可以调整画笔的大小。
◆ 硬度：用来设置画笔笔尖的硬度。
◆ 预设画笔列表：在列表中可以选择画笔样本。
◆ ⚫：单击此按钮，可以打开下拉菜单。
◆ ⚫：单击此按钮，可以存储画笔预设。

4.1.2　铅笔

铅笔工具 ✏ 的工作原理与生活中的铅笔绘画是一样的，绘制出来的线条是硬的、有棱角的，操作方法与画笔工具 🖌 的相同。

第 1 步：打开素材。执行"文件"→"打开"命令，或按快捷键 Ctrl + O，打开素材，如图 4 – 11 所示。

第 2 步：添加画笔。选择铅笔工具 ✏，单击"铅笔"右边的三角按钮，打开"铅笔"弹出式菜单。如果在预设画笔中找不到想要的笔刷，可以单击"铅笔"弹出式菜单 ⚫，如图 4 – 12 所示。在弹出的下拉菜单中选择画笔类型，如"特殊效果画笔"，会弹出提示对话框，如图 4 – 13 所示。单击"追加"按钮，即可添加画笔，如图 4 – 14 所示。

图 4 – 11　素材

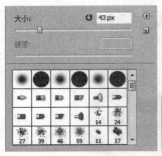

图 4 – 12 "铅笔" 　　图 4 – 13　提示对话框 　　图 4 – 14　将画笔 　　微课 4 – 2
弹出式菜单 　　　　　　　　　　　　　　　　　追加到预设中 　　　用铅笔

工具绘图

第 3 步：铅笔设置。在预设画笔中选择"雪花"画笔，再将画笔大小设置为 20 px，如图 4 – 15 所示。

第 4 步：绘制图案。设置完成后，将鼠标指针移到图像窗口中，按住鼠标左键绘制图案，效果如图 4 – 16 所示。

图 4 – 15　设置"雪花"画笔大小

图 4 – 16　图像效果

4.1.3　画笔设置

当 Photoshop 中自带的画笔样式不能满足绘图的需要时，可以编辑或创建新的画笔样式。画笔样式的设置在"画笔"面板中进行操作。执行"窗口"→"画笔"命令，即可打开"画笔"面板，如图 4 – 17 所示。

1. 画笔笔尖形状

打开"画笔"面板，选择"画笔笔尖形状"选项，再调整其中参数，即可对画笔的笔尖形态进行设置。

第 1 步：新建文件。执行"文件"→"新建"命令，或按快捷键 Ctrl + N，新建一个文件。

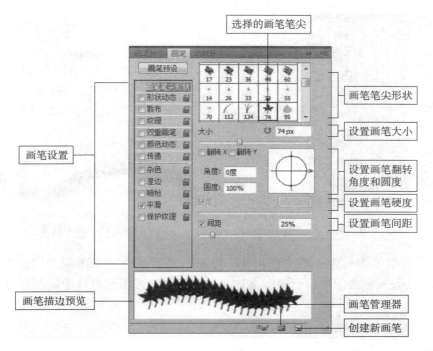

图 4－17　"画笔"面板

第 2 步：打开"画笔"面板。在工具箱中选择画笔工具 🖌️，设置前景色，如图 4－18 所示。然后执行"窗口"→"画笔"命令，打开"画笔"面板。其默认的就是"画笔笔尖形状"选项，如图 4－19 所示。

图 4－18　设置前景色

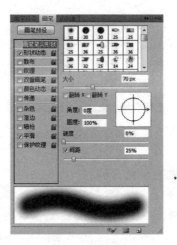

图 4－19　画笔笔尖形状

第 3 步：选择笔尖并设置画笔大小。在预设的画笔笔尖形状中选择画笔笔尖形状，然后在"大小"选项中设置笔尖的大小为 76 px，如图 4－20 所示。新建一个空白图层"图层1"，并在图像窗口中绘制，效果如图 4－21 所示。

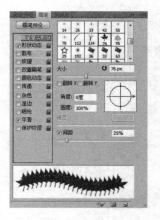

图 4 - 20　设置画笔大小

图 4 - 21　画笔效果

第 4 步：设置笔尖间距。将"图层 1"隐藏，然后新建一个图层为"图层 2"，并在"画笔"面板中设置笔尖间距为 96％，如图 4 - 22 所示。在图像窗口中绘制，效果如图 4 - 23 所示。

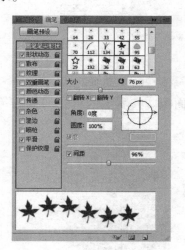

图 4 - 22　设置笔尖间距

图 4 - 23　画笔效果

常用参数介绍

◆ 大小：用来设置笔尖的大小。

◆ 翻转 X/翻转 Y：用来改变画笔笔尖在 X 轴或 Y 轴上的方向。例如，原画笔样本如图 4 - 24 所示，选中"翻转 X"后，效果如图 4 - 25 所示，选中"翻转 Y"后，效果如图 4 - 26 所示。

图 4 - 24　原画笔样本

图 4 - 25　选择"翻转 X"效果

图 4 - 26　选择"翻转 Y"效果

◆ 角度：用来设置画笔旋转的角度，值越大，则旋转的效果越明显。

◆ 圆度：用来设置画笔长轴和短轴之间的比率。可在数值栏中输入数值，或在预览框中拖动控制点进行调整。当该值为 100% 时，画笔为正圆形，如图 4-27 所示。设置为其他值，可将画笔压扁，如图 4-28 所示。

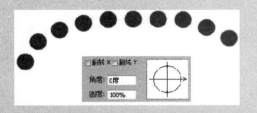

图 4-27　正圆笔尖效果

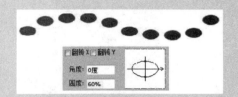

图 4-28　压扁笔尖效果

◆ 硬度：用来设置画笔硬度中心的大小。该值越小，画笔的边缘越柔和。

◆ 间距：用来控制描边中两个画笔笔尖之间的距离。该值越大，笔尖之间的间隔距离越大。

2. 形状动态

"形状动态"决定了描边中画笔笔尖的变化。选择"画笔"面板中的"形状动态"选项，就会显示相关的设置内容，如图 4-29 所示。

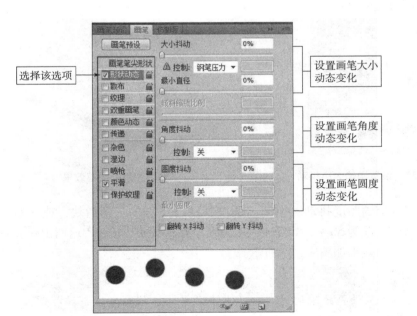

微课 4-3　设置
形状动态

图 4-29　"形状动态"面板

第 1 步：新建文件。执行"文件"→"新建"命令，或按快捷键 Ctrl + N，新建一个文件。选择"画笔工具"选项，然后执行"窗口"→"画笔"命令，打开"画笔"面板。

第2步：设置画笔笔尖形状。在"画笔笔尖形状"选项中选择一个画笔笔尖形状，并设置画笔大小为100 px，间距为90%，如图4-30所示。绘制的效果如图4-31所示。

图4-30　设置画笔笔尖形状　　　　　　　图4-31　画笔效果

第3步：设置画笔的大小抖动。在"画笔"面板中选中"形状动态"选项，然后拖动"大小抖动"下方的三角滑块，或在右侧的文本框中设置画笔的大小抖动为40%，并在"控制"选项右侧的下拉列表中选择"渐隐"选项，如图4-32所示。按快捷键Ctrl + Z返回上一步操作，然后在图像窗口中绘制，效果如图4-33所示。

图4-32　设置画笔大小抖动　　　　　　　图4-33　画笔效果

第4步：设置画笔的圆度抖动。拖动"圆度抖动"下方的三角滑块，或在右侧的文本框中设置画笔的圆度抖动为50%，如图4-34所示。按快捷键Ctrl + Z返回上一步操作，然后在图像窗口中绘制，效果如图4-35所示。

常用参数介绍

◆ 大小抖动：用来设置画笔笔尖大小的动态效果。该值越大，抖动越明显。从"控制"选项下拉列表框中可以选择改变的方式。选择"关"选项，表示不控制画笔笔尖的大小变化；选择"渐隐"选项，其右侧的文本框用来设置渐隐的步数，值越小，渐隐就越明显。

图 4-34 设置画笔圆度抖动

图 4-35 画笔效果

◆ 最小直径：当启用"大小抖动"后，通过该选项可以设置画笔笔尖缩放的最小百分比。该值越大，笔尖直径的变化就越小。

◆ 角度抖动：用来改变画笔笔尖的角度。当设置"角度抖动"为 0% 时，效果如图 4-36 所示；当设置"角度抖动"为 45% 时，效果如图 4-37 所示。

图 4-36 角度抖动为 0% 时的效果图

图 4-37 角度抖动为 45% 时的效果

◆ 圆度抖动：用来设置画笔笔尖的圆度在描边中的变化方式。

3. 其他选项

➢ 散布：通过对画笔设置"散布"，可以使绘制的图像在图像窗口中随机分布。选择一个画笔，选中"画笔"面板中的"散布"选项，在没有设置散布参数时，效果如图 4-38 所示。设置如图 4-39 所示散布参数，绘制出来的效果如图 4-40 所示。

图 4-38 没有设置散布参数的效果

图 4-39 设置散布参数

图 4-40 散布画笔绘制效果

➢ 纹理："纹理"选项可以利用图案使绘制的图像就像在有纹理的画布上绘制的一样。调整前景色可以改变纹理的颜色。选择一个画笔，选中"画笔"画板中的"纹理"选项。没有设置纹理参数时绘制的效果如图 4–41 所示，设置如图 4–42 所示纹理参数后，绘制出来的效果如图 4–43 所示。

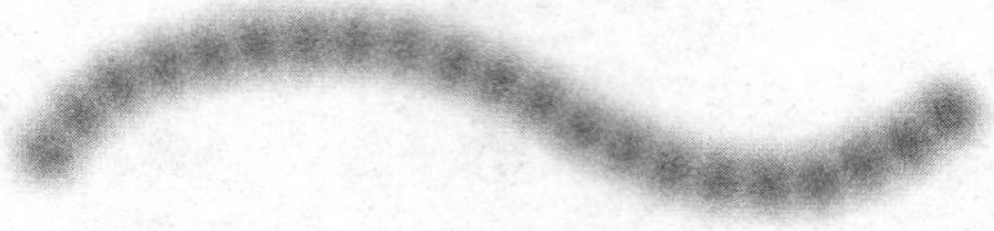

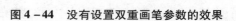

图 4–41　没有设置纹理参数的效果

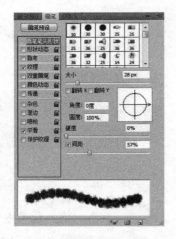

图 4–42　设置纹理参数

图 4–43　纹理画笔绘制效果

➢ 双重画笔：通过为画笔设置双重画笔，可以使绘制的图像具有两种画笔样式的融入效果。先在"画笔笔尖形状"选项中选择一种画笔样式，绘制效果如图 4–44 所示。选中"双重画笔"选项，在"双重画笔"选项中再选择一种画笔样式，并设置如图 4–45 所示参数。这两种画笔样式就混合在一起了，绘制效果如图 4–46 所示。

图 4–44　没有设置双重画笔参数的效果

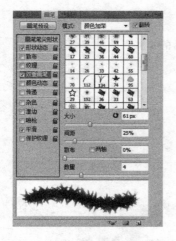

图 4–45　设置双重画笔参数

图 4–46　双重画笔绘制的效果

➤ 颜色动态：通过为画笔设置颜色动态，可以使绘制的图像在两种颜色之间产生渐变过渡。首先要设置前景色和背景色，如图 4 – 47 所示，然后在"画笔笔尖形状"选项中选择画笔，绘制效果如图 4 – 48 所示。最后在"画笔"面板中选中"颜色动态"选项，设置参数如图 4 – 49 所示，绘制效果如图 4 – 50 所示。

图 4 – 47　设置前景色和背景色

图 4 – 48　没有设置颜色动态参数的效果

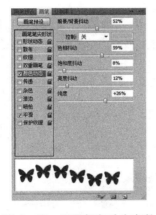

图 4 – 49　设置颜色动态参数

图 4 – 50　颜色动态画笔绘制效果

4.1.4　笔刷定义

自定义笔刷就是将图像或选定为选区的图像定义为笔刷，下面学习定义笔刷的方法。

第 1 步：打开素材。执行"文件"→"打开"命令，或按快捷键 Ctrl + O，打开素材，如图 4 – 51 所示。

图 4 – 51　素材

微课 4 – 4　笔刷定义

第2步：定义画笔。执行"编辑"→"定义画笔预设"命令，打开"画笔名称"对话框，如图4－52所示。单击"确定"按钮，即可将图像定义为画笔。

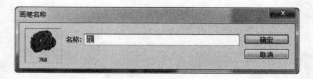

图4－52　定义画笔

第3步：新建文件并设置前景色。按快捷键Ctrl＋N，新建一个文件，设置前景色，然后新建一个空白图层。

第4步：用自定义画笔绘制图像。选择画笔工具 ，在"画笔"面板中即可选择刚刚设置好的画笔。设置画笔的大小和间距，如图4－53所示。绘制效果如图4－54所示。

图4－53　画笔设置

图4－54　绘制效果

4.2　填充和描边

4.2.1　填充命令

1. 命令介绍

执行"编辑"→"填充"命令，就可以打开"填充"对话框，如图4－55所示。

第1步：新建文件。执行"文件"→"新建"命令，或按快捷键Ctrl＋N，新建一个文件。

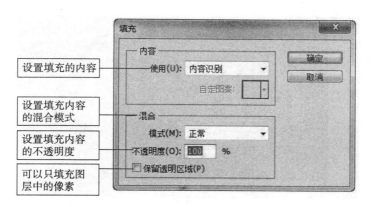

设置填充的内容

设置填充内容的混合模式

设置填充内容的不透明度

可以只填充图层中的像素

微课 4-5 填充图案

图 4-55 "填充"对话框简介

第 2 步：打开"填充"对话框。执行"编辑"→"填充"命令，打开"填充"对话框，如图 4-56 所示。

图 4-56 "填充"对话框

第 3 步：设置需要填充的图案。单击"使用"右边的三角按钮并选择"图案"选项，如图 4-57 所示。单击"自定图案"右边的三角按钮并选择需要的图案，设置完成后，单击"确定"按钮即可填充图案，如图 4-58 所示。

图 4-57 选择图案

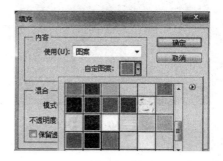

图 4-58 选择自定图案

第 4 步：填充效果。填充后的效果如图 4-59 所示。

图 4 - 59　填充效果

常用参数介绍

◆ 内容：用来设置填充的内容。可以从"使用"选项下拉列表中选择"前景色""背景色"或"图案"等作为填充内容。

◆ 混合："模式"和"不透明度"用来设置填充的混合模式和不透明度；选中"保留透明区域"选项，则只对图层中包含像素的区域进行填充。

2. 定义图案

使用"定义图案"命令可以将选择的图像定义为图案。定义图案后，可以使用"填充"命令将图案填充到图层或选区中。

第 1 步：打开素材并框选图像。执行"文件"→"打开"命令，打开素材文件，如图 4 - 60 所示。在工具箱中选择矩形选框工具 [], 然后在图像窗口中框选出需要定义的图像，如图 4 - 61 所示。

图 4 - 60　素材

图 4 - 61　框选图像

第 2 步：定义图案。执行"编辑"→"定义图案"命令，打开"图案名称"对话框，如图 4 - 62 所示。单击"确定"按钮，将选择的图像创建为自定义的图案。

第 3 步：新建文件。执行"文件"→"新建"命令，或按快捷键 Ctrl + N，新建一个宽度为 55 厘米、高度为 50 厘米、分辨率为 72 像素/英寸的图像文件，如图 4 - 63 所示。

图 4 - 62　"图案名称"对话框

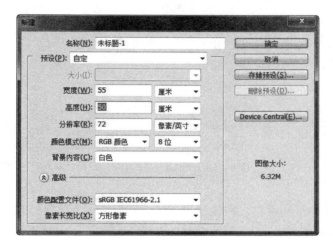

图 4 - 63　"新建"对话框

微课 4 - 6　定义图案

第 4 步：填充图案。执行"编辑"→"填充"命令，打开"填充"对话框。单击"使用"右边的三角按钮并选择"图案"选项，然后单击"自定图案"右边的三角按钮并选择需要的图案，如图 4 - 64 所示。设置完成后，单击"确定"按钮即可为当前文档填充图案，效果如图 4 - 65 所示。

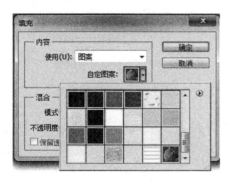

图 4 - 64　"填充"对话框

图 4 - 65　填充效果

> **技巧提示**：自定义图案只能用矩形选框工具选择某个区域进行定义，并且绘制的选区不能带羽化，如果不创建选区直接定义图案，则会把整个图像定义为图案。

4.2.2　"描边"命令

"描边"命令用于对选框或者图像进行描边。执行"编辑"→"描边"命令，打开"描

边"对话框,如图 4 - 66 所示。

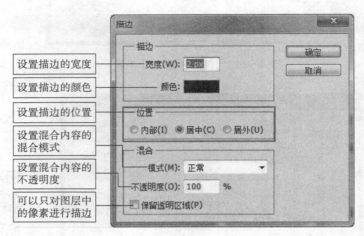

设置描边的宽度

设置描边的颜色

设置描边的位置

设置混合内容的混合模式

设置混合内容的不透明度

可以只对图层中的像素进行描边

微课 4 - 7 描边命令

图 4 - 66 "描边"对话框

第 1 步:新建文件并打开素材。按快捷键 Ctrl + N 新建一个文件,然后执行"文件"→"打开"命令,或按快捷键 Ctrl + O,打开素材,如图 4 - 67 所示。把素材复制到新建的文件中,如图 4 - 68 所示。

图 4 - 67 素材

图 4 - 68 复制到新文件中

第 2 步:为图像内部描边。执行"编辑"→"描边"命令,并设置描边的宽度为"15 px",颜色设置为(R:139,G:21,B:21),描边的位置为"内部",然后单击"确定"按钮,如图 4 - 69 所示。完成后的效果如图 4 - 70 所示。

第 3 步:为图像居中描边。执行"编辑"→"描边"命令,并设置描边的宽度为"15 px",颜色设置为(R:16,G:98,B:72),描边的位置为"居中",然后单击"确定"按钮,如图 4 - 71 所示。完成后的效果如图 4 - 72 所示。

第 4 步:为图像居外描边。执行"编辑"→"描边"命令,并设置描边的宽度为"15 px",颜色设置为(R:17,G:127,B:12),描边的位置为"居外",然后单击"确定"按钮,如图 4 - 73 所示。完成后的效果如图 4 - 74 所示。

图 4-69　设置描边参数（1）

图 4-70　描边效果（1）

图 4-71　设置描边参数（2）

图 4-72　描边效果（2）

图 4-73　设置描边参数（2）

图 4-74　描边效果（2）

常用参数介绍

◆ 描边：在"宽度"选项中可以设置描边的宽度；单击"颜色"选项右侧的色块，可以在打开的"拾色器"中设置描边的颜色。

◆ 位置：用来设置描边的位置，包括"内部""居中"和"居外"。

◆ 混合：用来设置描边的混合模式和不透明度，选中"保留透明区域"选项可以只对包含像素的区域进行描边。

第 5 章

Photoshop 动画制作方法

能力目标

1. 能够熟练掌握动画的制作方法
2. 能够自己创作动画作品
3. 能够掌握打印和输出的方法

知识目标

1. 了解动画工具的种类
2. 掌握动画工具的使用方法
3. 掌握动画的输出方法

素养目标

1. 操作规范，符合"5S"管理
2. 具备举一反三和总结归纳能力
3. 具有积极向上和踏实认真的学习态度

5.1 帧 动 画

利用人们眼睛的视觉残像作用，通过将一帧又一帧的但又是逐渐变化的图像连续、快速地显示，就会产生运动或其他变化的视觉动画效果。将如图 5 – 1 所示的一组图片连续、快速地显示（如每秒 16 张），就会产生鸟在飞行的视觉效果。

图 5 – 1　逐渐变化的图像

5.1.1　帧模式动画面板

打开一个图像文件，然后执行"窗口"→"动画"命令，可以打开"动画"面板，如图 5 – 2 所示。单击面板中的"复制所选帧"按钮，如图 5 – 3 所示。

图 5-2　"动画"面板

图 5-3　帧模式面板

5.1.2　帧的创建和编辑

下面来学习如何在"动画"面板中创建帧动画，以及一些简单的编辑方法，如复制当前帧、播放动画等。

第 1 步：打开素材并复制图像。按快捷键 Ctrl+O，打开素材文件，如图 5-4 所示。选择"图层 1"，再按快捷键 Ctrl+J 复制两个图层，并重新命名为"图层 2"和"图层 3"，如图 5-5 所示。

图 5-4　素材

图 5-5　复制图层

微课 5-1　创建帧动画

第 2 步：调整图像的位置并隐藏图层。选择"图层 2"，然后使用"移动工具"将图像移动位置，如图 5-6 所示。选择"图层 3"，将图像移动到图 5-7 所示的位置。然后将"图层 1""图层 2"和"图层 3"隐藏。

图 5-6　移动"图层 2"面板

图 5-7　移动"图层 3"面板

第3步：打开帧模式"时间轴"面板。执行"窗口"→"动画"命令，打开"动画"面板，如图5-8所示。

图5-8 "动画"面板

第4步：复制所选帧。单击"0秒"后面的三角按钮，从弹出的下拉菜单中选择"0.1秒"，如图5-9所示，单击"动画"面板下面的"复制所选帧"按钮5次，得到与第1帧图像相同的5帧，如图5-10所示。

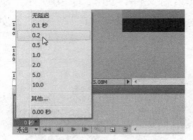

图5-9 设置持续时间

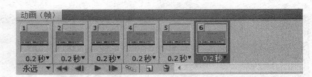

图5-10 复制所选帧

第5步：编辑帧。单击选择第2帧，在"图层"面板中显示"图层1"的图像，图像窗口如图5-11所示。单击选择第3帧，在"图层"面板中显示"图层2"的图像，图像窗口如图5-12所示。单击选择第4帧，在"图层"面板中显示"图层3"的图像，图像窗口如图5-13所示。单击选择第5帧，在"图层"面板中显示"图层4"的图像，图像窗口如图5-14所示。这时的"动画"面板如图5-15所示。

图5-11 第2帧的图像效果

图5-12 第3帧的图像效果

图5-13 第4帧的图像效果

图5-14 第5帧的图像效果

图 5 – 15 帧模式的面板

第 6 步：设置循环选项并播放动画。在循环选项中，单击三角下拉按钮，从其下拉菜单中选择"永远"选项，如图 5 – 16 所示。单击"播放动画"按钮 ，或按空格键，即可播放动画，此时可以看见画面中的人物和飞机从天空中飞过。

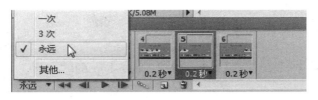

图 5 – 16 设置循环选项为"永远"

常用参数介绍

◆ 永远▾：用于设置动画的播放次数。分别有"一次""3 次"和"永远"三个选项。单击"其他"按钮，弹出"设置循环次数"对话框，如图 5 – 17 所示。在"播放"右侧的数值框中输入播放的次数，例如 4 次，那么该动画就会循环播放 4 次。

图 5 – 17 设置循环次数

◆ ◀◀：单击该按钮，可自动选择面板中的第一帧为当前帧。

◆ ◀❘：单击该按钮，可自动选择当前帧的前一帧。

◆ ▶：单击该按钮，可在图像窗口中播放动画，再一次单击可停止播放。

◆ ❘▶：单击该按钮，可自动选择当前帧的下一帧。

◆ °°°：单击该按钮，打开"过渡"对话框。可以在两个现有帧之间添加一系列的过渡帧，并让新帧之间的图层属性均匀变化。如图 5 – 18 所示，选择第 3 帧，单击该按钮，打开"过渡"对话框进行设置，如图 5 – 19 所示。单击"确定"按钮，面板中自动在第 2 帧与第 3 帧之间添加两帧过渡帧，如图 5 – 20 所示。

图 5 – 18 选择第 3 帧

图 5 – 19 设置参数

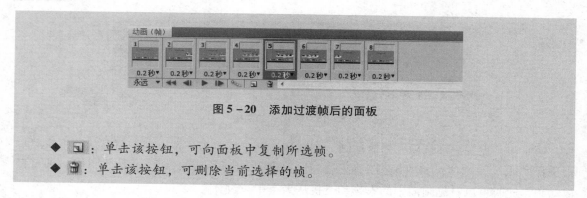

图 5-20　添加过渡帧后的面板

◆ 🗐：单击该按钮，可向面板中复制所选帧。
◆ 🗑：单击该按钮，可删除当前选择的帧。

5.2　打　　印

执行"文件"→"打印"命令，可以打开 Photoshop 的"打印"对话框，如图 5-21 所示。

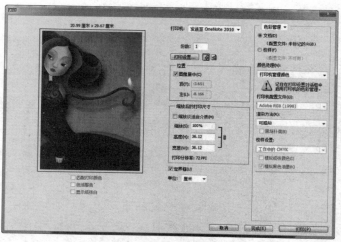

微课 5-2　打印图像

图 5-21　Photoshop 的"打印"对话框

第 1 步：打开素材。按快捷键 Ctrl + O，打开素材文件，如图 5-22 所示。

第 2 步：打开"打印"对话框。执行"文件"→"打印"命令，打开 Photoshop 的"打印"设置对话框。

第 3 步：打印机设置。单击"打印机"右侧的三角按钮，可以在下拉菜单中选择打印机。设置打印份数为 1 份，单击"版面"右侧的"纵向打印纸张"按钮，并且选中"位置和大小"下方的"缩放以适合介质"选项，如图 5-23 所示。

图 5-22　素材

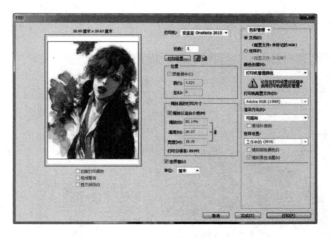

图 5 – 23　参数设置

第 4 步：打印纸张和质量设置。单击打印机设置下方的"打印设置"按钮，在打开的对话框中设置打印纸张的大小、来源、类型和打印的质量。单击"确定"按钮，回到"打印"对话框，然后单击"打印"按钮，即可打印图像。

常用参数介绍

◆ 打印机：在该选项的下拉列表中可以选择打印机。

◆ 份数：用来设置打印的份数。

◆ 打印设置：单击该按钮，可以打开一个属性对话框，在该对话框中可以设置纸张的尺寸、来源、类型和打印质量。

◆ "顶"数值框：表示图像距离打印纸张顶边的距离。

◆ "左"数值框：表示图像距离打印纸张左边的距离。

◆ "缩放"数值框：表示图像打印的缩放比例，若选中"缩放以适合介质"选项，则 Photoshop 会自动将图像缩放到合适的大小，使图像能满幅打印到纸张上。

◆ "高度"数值框：设置打印文件的高度。

◆ "宽度"数值框：设置打印文件的宽度。

◆ 打印选定区域：选中该选项后，图像预览框的边缘会显示四个滑块。如果图像本身已经有选区，选中该选项后，只能打印选区内的图像。

5.3　输　　出

5.3.1　动画输出

1. 存储为 Web 和设备所用格式

动画制作完成了，可以将其输出为 GIF 格式文件。执行"图像"→"存储为 Web 所用格

式"命令，即可打开"存储为 Web 和设备所用格式"对话框，如图 5 – 24 所示。下面是输出的具体步骤及其常用参数介绍。

微课 5 – 3　存储
GIF 格式

图 5 – 24　"存储为 Web 和设备所用格式"对话框

第 1 步：打开素材。按快捷键 Ctrl + O，打开素材文件，如图 5 – 25 所示。

图 5 – 25　素材

第 2 步：打开"存储为 Web 和设备所用格式"对话框。执行"文件"→"存储为 Web 和设备所用格式"命令，或按 Alt + Shift + Ctrl + S 组合键，打开"存储为 Web 和设备所用格式"对话框，如图 5 – 26 所示。

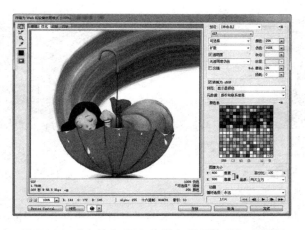

图 5 – 26　"存储为 Web 和设备所用格式"对话框

第 3 步：设置参数。将"预设"右下方的"颜色"数值框设置为 256，如图 5 – 27 所示。单击该对话框下方的"存储"按钮，打开"将优化结果存储为"对话框。选择存储的位置，如图 5 – 28 所示。单击"保存"按钮后，会弹出一个警告对话框，如图 5 – 29 所示。最后单击"确定"按钮即可。

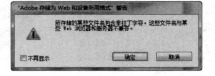

图 5 – 27　参数设置　　　　**图 5 – 28　选择存储位置**　　　　**图 5 – 29　警告对话框**

常用参数介绍

◆ 显示选项：单击"原稿"标签，可以在窗口中显示没有优化的图像；单击"优化"标签，可以在窗口中显示应用了当前优化设置的图像；单击"双联"标签，可以并排显示原稿图像和优化图像，如图 5 – 30 所示，单击"四联"标签，可以并排显示四种版本的图像，如图 5 – 31 所示。通过图像下面提供的优化信息，可以选择最佳的优化方案。

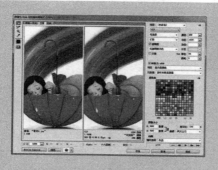

图 5－30 "双联"预览

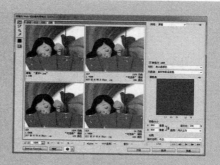

图 5－31 "四联"预览

◆ 缩放工具 🔍/抓手工具：选择缩放工具并单击，可以放大图像显示；按住 Alt 键并单击，可以缩小图像显示。使用抓手移动工具可以移动并查看图像。

◆ 图像大小：可以将图像调整为指定的像素尺寸或原稿大小的尺寸。

◆ 在浏览器中预览优化的图像：单击按钮 🖐，可以在系统默认的 Web 浏览器中预览优化后的图像。预览窗口中会显示图像的题注，其中包括图像的文件格式、像素尺寸、文件大小、压缩规格等信息，如图 5－32 所示。

图 5－32 在系统默认的 Web 浏览器中预览优化后的图像

2. 渲染视频

制作好视频后，执行"文件"→"导出"→"渲染视频"命令，可以将视频导出为图片。

第 1 步：打开素材。按快捷键 Ctrl + O，打开素材文件，如图 5－33 所示。

图 5 – 33　素材

微课 5 – 4　渲染视频

第 2 步：渲染视频。执行"文件"→"导出"→"渲染视频"命令，打开"渲染视频"对话框。设置存储的位置，视频大小为"PAL D1/DV 宽银幕方形像素"，如图 5 – 34 所示。单击"渲染"按钮，这时软件就会进行视频渲染。渲染完成后，在存储的地方生成多个图片文件，如图 5 – 35 所示。

图 5 – 34　参数设置

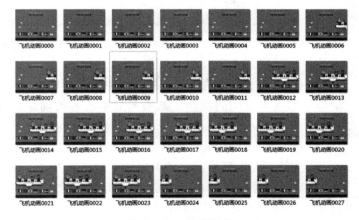

图 5 – 35　输出图片

常用参数介绍

◆ 名称：在文本框中输入视频或图像序列的名称。

◆ 选择文件夹：单击该按钮，可以浏览到用于导出文件的位置。

◆ 大小：用于设置输出视频的大小。

◆ 帧速率：用于设置视频的帧速率。

◆ 长宽比：用于设置输出视频的长宽比例。

◆ 渲染：单击该按钮即可输出文件。

5.3.2　普通文件输出

1. 批处理操作

"批处理"命令可以对多个图像文件自动执行同一个动作的操作，从而实现操作自动

化。执行"文件"→"自动"→"批处理"命令，打开"批处理"对话框，如图 5-36 所示。对话框中各选项的含义如下：

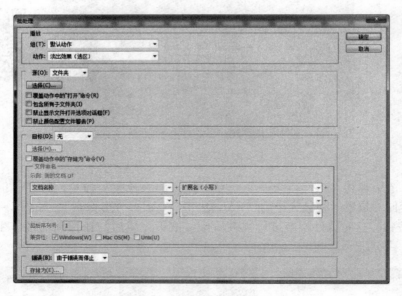

图 5-36 "批处理"对话框

- 在"组"和"动作"下拉列表中可以指定要用来处理文件的动作。下拉框中会列出"动作"面板中可用的动作。如果未显示所需的动作，可能需要选取另一组或在面板中载入组。
- 从"源"下拉列表框中选取要处理的文件。
- 文件夹：处理指定文件夹中的文件。单击"选择"按钮可以查找并选择文件夹。
- 覆盖动作中的"打开"命令：覆盖引用特定文件名（而非批处理的文件）动作中的"打开"命令。如果记录的动作是在打开的文件上操作的，或者动作中包含它需要对特定文件的"打开"命令，则取消选择"覆盖动作中的'打开'命令"。如果选择此选项，则动作必须包含一个"打开"命令，否则，源文件将不会打开。
- 包含所有子文件夹：处理指定文件夹的子目录中的文件。
- 禁止显示文件打开选项对话框：隐藏"文件打开选项"对话框。当对相机原始图像文件的动作进行批处理时，该选项是很有用的。
- 禁止颜色配置文件警告：关闭颜色方案信息的显示。
- 目标：用于设定执行动作后文件的保存位置。若选择"无"选项，则不保存文件并保持文件打开；若选择"存储并关闭"选项，则对文件执行动作后，保存该文件后关闭。

2. 输出为网络用图

执行"文件"→"存储为 Web 和设备所用格式"命令，可以在打开的"存储为 Web 和设备所用格式"对话框中对图像进行优化，还可以在该对话框中按照不同的需要设置图像的质量和大小，下面是具体的操作步骤。

　　第 1 步：打开素材。按快捷键 Ctrl + O，打开素材文件，如图 5 - 37 所示。

微课 5 - 5　输出为
网络用图

图 5 - 37　素材

　　第 2 步：打开"存储为 Web 和设备所用格式"对话框。执行"文件"→"存储为 Web 所用格式"命令，或按 Alt + Shift + Ctrl + S 组合键，打开"存储为 Web 和设备所用格式"对话框，如图 5 - 38 所示。

图 5 - 38　"存储为 Web 和设备所用格式"对话框

　　第 3 步：选择优化格式并设置参数。在该对话框中选择优化的格式为 JPEG，设置如图 5 - 39 所示参数，然后单击"存储"按钮，选择存储位置，如图 5 - 40 所示。单击"保存"按钮，即可对优化的图像进行存储。

图 5 – 39　参数设置　　　　　　　　图 5 – 40　存储优化图像

常用参数介绍

◆ 压缩方式/品质：选择压缩图像的方式。在"品质"后面的数值框中可以输入数值，数值越大，图像的细节越丰富，但文件也越大。图 5 – 41 所示为设置"品质"数值为 0 和 100 时的图像效果比较。

图 5 – 41　存储效果比较

◆ 连续：在 Web 浏览器中以渐进的方式显示图像。

◆ 优化：创建更小但兼容性更高的文件。

◆ 嵌入颜色配置文件：在优化文件中存储颜色配置文件。

◆ 模糊：创建类似于"高斯模糊"滤镜的图像效果。数值越大，模糊的效果越明显，这样会减小图像的大小。

◆ 杂边：可以为原始图像的透明像素设置一种填充颜色。

Illustrator 部分

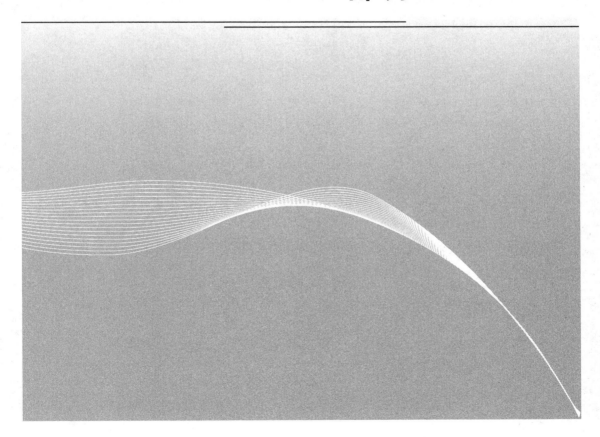

第 6 章

Illustrator 基础知识

📖 能力目标

1. 能够运用组合键编辑矢量图像
2. 能够运用软件的参考线进行编辑
3. 能够运用组合键进行视图的平移和缩放操作

📇 知识目标

1. 熟悉软件的界面构成
2. 了解矢量图与位图的差别
3. 学会软件的基本操作方法

🗂 素养目标

1. 操作规范，符合"5S"管理
2. 具备举一反三和总结归纳能力
3. 具有积极向上和踏实认真的学习态度

6.1 初识 Illustrator CS6

6.1.1 Illustrator 简介及应用领域

Illustrator 是由 Adobe 公司开发的一款图形软件。一经推出，便以强大的功能和人性化的界面深受用户的欢迎，并广泛应用于出版、多媒体和在线图像等领域。通过使用它，用户不但可以方便地制作出各种形状复杂、色彩丰富的图形和文字效果，还可以在同一版面中实现图文混排，甚至可以制作出极具视觉效果的图表。

6.1.2 界面构成与界面设置

1. 界面构成

Illustrator 的工作区是创建、编辑、处理图形和图像的操作平台，它由菜单栏、工具箱、控制面板、文档窗口、浮动调板、状态栏等部分组成。启动 Illustrator CS6 软件后，屏幕上将会出现标准的工作区界面，如图 6-1 所示。

图 6 - 1　操作界面

（1）菜单栏：将 Illustrator 所有的操作分为 10 个菜单。

（2）控制面板：又叫属性栏，会随着所选对象不同而不同。

（3）工具箱：单击工具箱左上角的双三角标记█可展开或折叠工具箱。工具下有三角标记，即该工具下还有其他类似的命令。当选择使用某工具，工具选项栏则列出该工具的选项；也可按工具上提示的快捷键使用该工具。

（4）状态栏：包含四个部分，分别为图像显示比例、文件大小、浮动菜单按钮及工具提示栏。

（5）浮动调板：可在窗口菜单中显示各种调板。

①单击调板右上角的双三角标记█，可展开或折叠调板。

②双击调板标题，则最小化或还原调板。

③拖动调板标签，则分离和置入调板。

④单击调板右边三角，则打开调板菜单。

⑤要复位调板位置，则打开窗口菜单，选择工作区，单击"重置"基本功能。

2. 界面设置

（1）主界面：用户可以自行选择界面的颜色主题。通过单击"编辑"→"首选项"→"用户界面"进行设置，如图 6 - 2 所示。

（2）工具箱和调板的显示与隐藏：按 Tab 键显示/隐藏工具箱和调板，如图 6 - 3 所示；按 Shift + Tab 组合键显示/隐藏调板，如图 6 - 4 所示。

（3）切换屏幕模式：单击工具箱下边的切换屏幕模式█，或按 F 键切换屏幕模式（标准屏幕模式、带有菜单栏的全屏模式、全屏模式）。

（4）窗口菜单：通过窗口菜单来显示/隐藏各种功能窗口。

图 6 - 2　首选项设置窗口

图 6 - 3　隐藏工具箱和调板

图 6 - 4　隐藏调板

6.2 基本概念和专业术语

6.2.1 基本概念

在计算机中，图像是以数字方式来记录、处理和保存的，所以图像也可以说是数字化图像。图像类型大致可以分为两种：矢量式图像与位图式图像。这两种类型的图像各有特色，也各有优缺点，两者各自的优点恰好可以弥补对方的缺点。因此，在绘图与图像处理的过程中，往往需将这两种类型的图像交叉运用，才能取长补短，使用户的作品更为完善。

1. 矢量式图像

矢量式图像以数学描述的方式来记录图像内容。它的内容以线条和色块为主，例如一条线段的数据只需要记录两个端点的坐标、线段的粗细和色彩等。因此，它的文件所占的容量较小，也可以很容易地进行放大、缩小或旋转等操作，并且不会失真，可用于制作 3D 图像，如图 6 – 5 所示。但这种图像有一个缺点，即不易制作色调丰富或色彩变化太多的图像，并且绘制出来的图形不是很逼真，无法像照片一样精确地描述自然界的景观，同时也不易在不同的软件间交换文件。

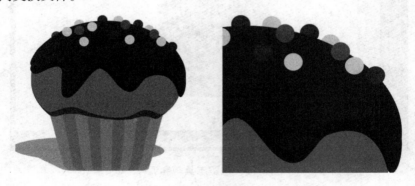

图 6 – 5　矢量图放大

制作矢量式图像的软件有 Illustrator、CorelDRAW、AutoCAD 等。美工插图与工程绘图多数在矢量式软件上进行。

2. 位图式图像

位图式图像弥补了矢量式图像的缺陷，它能够制作出颜色和色调变化丰富的图像，可以逼真地表现自然界的景观，同时也可以很容易地在不同软件之间交换文件，这就是位图式图像的优点。而缺点则是它无法制作真正的 3D 图像，并且图像缩放和旋转时会产生失真现象；同时，文件较大，对内存和硬盘空间容量的需求也较高，如图 6 – 6 所示。位图式图像是由许多点组成的，这些点称为像素（pixel）。当许许多多不同颜色的点（即像素）组合在一起后，便构成了一幅完整的图像，它能够记录下每一个点的数据信息，可以精确地记录色调丰富的图像，可以逼真地表现自然界的图像，达到照片般的品质。

图 6-6　位图放大

6.2.2　专业术语

1. 像素

像素是组成图像的最基本单元，它是一个小的方形的颜色块。

2. 图像分辨率

即单位长度内所含像素点的多少。

分辨率越高，像素越多，图像的信息量越大。单位为 PPI（Pixels Per Inch），如 300 PPI 表示该图像每英寸长度内含有 300 个像素。

图像分辨率和图像尺寸的值决定了文件的大小及输出质量，分辨率越高，图像越清晰，所产生的文件也越大。

3. 颜色模式

用于显示和打印图像的颜色模型。常用的有 RGB、CMYK、Lab、灰度等。

（1）RGB 是色光的色彩模式。R 代表红色，G 代表绿色，B 代表蓝色，三种色彩叠加形成了其他的色彩。因为三种颜色都有 256 个亮度水平级，所以 3 种色彩叠加就形成了 1 670 万种颜色，也就是真彩色。

就编辑图像而言，RGB 色彩模式也是最佳的色彩模式，因为它可以提供全屏幕的 24 bit 的色彩范围，即真色彩显示。但是，如果将 RGB 模式用于打印，就不是最佳的了，因为 RGB 模式所提供的有些色彩已经超出了打印的范围。因此，在打印一副真色彩的图像时，就必然会损失一部分亮度，并且比较鲜艳的色彩肯定会更容易失真。这主要因为打印所用的是 CMYK 模式，而 CMYK 模式所定义的色彩要比 RGB 模式所定义的色彩少很多，因此打印时系统自动将 RGB 模式转换为 CMYK 模式，这样就难免出现打印失真的现象。

（2）CMYK 也称作印刷色彩模式，顾名思义，就是用来印刷的。它和 RGB 相比有一个很大的不同，即 RGB 模式是一种发光的色彩模式，你在一间黑暗的房间内仍然可以看见屏幕上的内容；CMYK 是一种依靠反光的色彩模式，人们是怎样阅读报纸的内容呢？是由阳光或灯光照射到报纸上，再反射到人们的眼中，才看到内容。它需要有外界光源，如果你在黑暗房间内，是无法阅读报纸的。

只要是在屏幕上显示的图像，就是 RGB 模式表现的；只要是在印刷品上看到的图像，就是 CMYK 模式表现的，比如期刊、杂志、报纸、宣传画等，都是印刷出来的，那么就是 CMYK 模式的了。CMYK 代表印刷上用的 4 种颜色，C 代表青色，M 代表洋红色，Y 代表黄色，K 代表黑色。在实际的印刷过程中，青色、洋红色和黄色很难叠加出真正的黑色，最多是褐色，所以才引入了 K——黑色。

（3）Lab 模式：是基于人对颜色的感觉。Lab 中的数值描述正常视力的人能够看到的所有颜色。因为 Lab 描述的是颜色的显示方式，而不是设备（如显示器、桌面打印机或数码相机）生成颜色所需的特定色料的数量，所以 Lab 被视为与设备无关的颜色模型。Lab 色彩模式是由亮度（L）和有关色彩的 a、b 三个要素组成的。L 表示亮度（Luminosity），a 表示从洋红色至绿色的范围，b 表示从黄色至蓝色的范围。

（4）灰度模式用单一色调表现图像。一个像素的颜色用八位元来表示，一共可表现 256 阶（色阶）的灰色调（含黑和白），也就是 256 种明度的灰色。其是从黑→灰→白的过渡，如同黑白照片。

6.3　Illustrator CS6 的基本操作

6.3.1　文件的基本操作

1. 打开图像文件

单击"文件"→"打开"命令，出现"打开"对话框，如图 6 - 7 所示。技巧：双击空白处，打开文件。

图 6 - 7　"打开"对话框

2. 关闭图像文件

单击要关闭图像文件上的"关闭"按钮 ✕ 即可。

3. 保存图像文件

制作好的文件需要及时保存，以防发生意外而造成文件丢失。单击"文件"→"存储"，或按快捷键 Ctrl + S 即可保存。若文件是第一次保存，需在"存储为"对话框中输入指定的文件名，Illustrator 默认的文件扩展名为 . ai。

4. 置入与导出文件

Illustrator CS6 具有良好的兼容性，利用 Illustrator 的"置入"与"导出"功能，可以置入多种格式的图形图像文件为 Illustrator 所用，也可以将 Illustrator 的文件以其他的图像格式导出为其他软件所用。

5. 新建文件

单击"文件"→"新建"，或按快捷键 Ctrl + N，出现如图 6 - 8 所示的"新建文档"对话框。输入文档的名称、设置面板的大小、选择文档的颜色模式后，单击"确定"按钮，进入 Illustrator 的工作区域，如图 6 - 9 所示，这时就可以开始设计了。

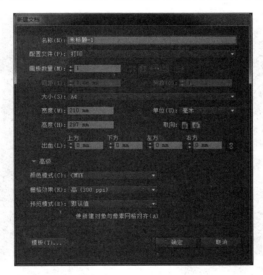

图 6 - 8　"新建文档"对话框

图 6 - 9　软件界面

6. 文档设置

单击"文件"→"文档设置"命令或单击控制面板中的"文档设置"按钮，在打开的"文档设置"对话框中可以随时更改文档的默认设置选项，如度量单位、透明度网格显示、文字设置等，如图6-10所示。

7. 使用画板

画板中的内容是可打印区域，可以将画板作为裁剪区域，以满足打印或置入的需要。每个文档可以有1~100个画板。用户可以在新建文档的时候指定文档的画板数，也可以在处理文档的过程中随时添加和删除画板。

使用"画板"工具可以随意创建不同大小的画板，也可以调整画板大小，并且可以将画板放在屏幕上的任何位置，甚至可以让它们彼此重叠。

调整画板大小：双击工具箱中的"画板"工具，或单击"画板"工具，然后单击控制面板中的"画板选项"按钮，打开"画板选项"对话框，在该对话框中进行相应的设置，如图6-11所示。

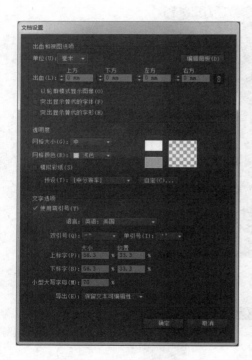

图6-10　"文档设置"对话框

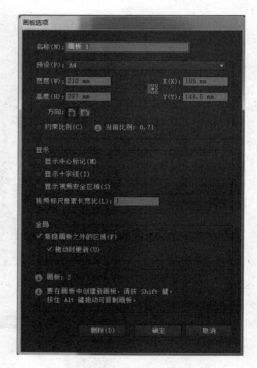

图6-11　"画板选项"对话框

6.3.2　AI 的基本操作

1. 浏览图片，缩放显示比例

（1）使用导航器 100% 1 。

（2）缩放工具（Z）：按快捷键 Ctrl + + 放大；按快捷键 Ctrl + − 缩小；双击缩放工具显示实际像素大小（即 100% 显示比例）。

（3）抓手工具（H）：用于移动显示区域。双击抓手满画布显示；在任何工具下，按空格（Space）键临时切换到抓手工具。

2. 填充色和轮廓色的设置

通过"色板"面板或拾色器；按 D 键恢复默认的填充色（白）、轮廓色（黑）；按 X 键切换填充色、轮廓色。

6.4　工具箱和调板

6.4.1　工具箱

Illustrator 启动成功后，默认状态下工具箱一般会出现在窗口左侧。可以通过拖动其标题栏来移动工具箱，还可以通过单击"窗口/工具"菜单项来显示或隐藏工具箱。Illustrator 工具箱显示如图 6 – 12 所示。

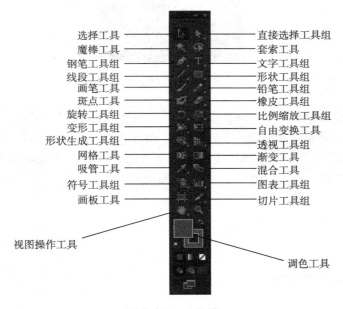

图 6 – 12　工具箱

技巧提示： 可以使用工具箱中的工具在 Illustrator 中创建、选择和处理对象。可以通过单击工具图标或者按工具的键盘快捷键来选择相应的工具。当指针停留在工具图标上时，将出现工具名称和它的键盘快捷键提示。有的工具下面还有其他工具，称为隐藏工具。工具图标右下角的小三角形标识有隐藏工具。要查看隐藏工具，可以在工具图标上按住鼠标左键，将指针拖动到要选择的工具上后释放鼠标左键。

6.4.2　调板

调板一般位于工作区域的右侧，如图 6 – 13 所示。调板可以修改填充颜色。

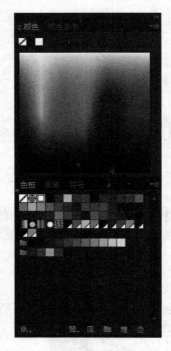

图 6 – 13　颜色调板

技巧提示：要显示或隐藏调板，从"窗口"菜单中选择调板名称；要隐藏或显示所有调板（包括工具箱和控制调板），按 Tab 键；要隐藏或显示所有调板（不包括工具箱和控制调板），按 Shift + Tab 组合键；要将调板移动到另一组，可拖动调板标题到该组内；要将调板折叠为只显示标题，单击最小化/最大化框。

6.5　辅助工具

6.5.1　辅助工具的应用

1. 标尺

显示隐藏标尺：单击视图/标尺或按 Ctrl + R 组合键。

修改原点：鼠标拖曳标尺。

复原原点：双击标尺左上角。

标尺单位的查看与设置：右击标尺，从弹出的快捷菜单中选择标尺单位，如图 6 – 14 所示。

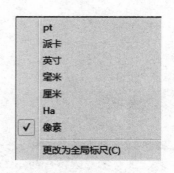

图 6 – 14　标尺单位设置

2. 参考线

参考线可以帮助对齐文本和图形对象。可以创建垂直或水平的标尺参考线，也可以将矢量图形转换为参考线对象。

标尺参考线：从标尺中拖出参考线。

精确定位参考线：选中参考线，单击控制面板上的"变换"按钮，打开"变换"对话框进行设置。

锁定参考线：单击"视图"→"锁定参考线"。

清除一条参考线：选中后按 Delete 键。

清除所有参考线：单击"视图"→"参考线"→"清除参考线"。

移动参考线：鼠标左键拖动。

新建参考线：即矢量图形转换为参考线，创建好图形，单击"视图"→"参考线"→"新建参考线"。

释放参考线：选中图形参考线，单击"视图"→"参考线"→"释放参考线"。

显示隐藏参考线：按快捷键 Ctrl + ;。

对齐参考线：单击"视图"→"对齐到"。

3. 智能参考线

这是创建或操作对象、画板时显示的临时对齐参考线。通过对齐和显示 X、Y 位置和偏移值，这些参考线可以帮助用户参照其他对象或画板来对齐、编辑和变换对象或画板。选择"视图"→"智能参考线"命令，或按快捷键 Ctrl + U，即可启用智能参考线功能。用户可以通过设置"智能参考线"首选项来指定显示的智能参考线和反馈的信息。

4. 网格

单击"视图"→"显示"→"网格"或按快捷键 Ctrl + " 可启用网格功能。

对齐网格：单击"视图"→"对齐"→"网格"。

6.5.2　常用快捷键

1. 工具箱（表 6–1）

表 6–1　工具箱

移动工具：V	添加锚点工具：+	矩形、圆角矩形工具：M	视图平移、页面、标尺工具：H
选取工具：A	文字工具：T	铅笔、圆滑、抹除工具：N	默认填充色和描边色：D
钢笔工具：P	多边形工具：L	旋转、转动工具：R	切换填充和描边：X
画笔工具：B	自由变形工具：E	缩放、拉伸工具：S	镜向、倾斜工具：O
图表工具：J	渐变网点工具：U	剪刀、裁刀工具：C	混合、自动描边工具：W
颜色取样器：I	屏幕切换：F	油漆桶工具：K	渐变填色工具：G

2. 文件操作（表6-2）

表6-2　文件操作

新建文件：Ctrl + N	文件存盘：Ctrl + S	关闭文件：Ctrl + W	打印文件：Ctrl + P
打开文件：Ctrl + O	另存为：Ctrl + Shift + S	恢复到上一步：Ctrl + Z	退出 Illustrator：Ctrl + Q

3. 编辑操作（表6-3）

表6-3　编辑操作

粘贴：Ctrl + V 或 F4	置到最前：Ctrl + F	取消群组：Ctrl + Shift + G	锁定未选择的物体：Ctrl + Alt + Shift + 2
粘贴到前面：Ctrl + F	置到最后：Ctrl + B	全部解锁：Ctrl + Alt + 2	再次应用最后一次使用的滤镜：Ctrl + E
粘贴到后面：Ctrl + B	锁定：Ctrl + 2	连接断开的路径：Ctrl + J	隐藏未被选择的物体：Ctrl + Alt + Shift + 3
再次转换：Ctrl + D	联合路径：Ctrl + 8	取消混合：Ctrl + Alt + Shift + B	应用最后使用的滤镜并保留原参数：Ctrl + Alt + E
取消联合：Ctrl + Alt + 8	隐藏物体：Ctrl + 3	新建图像遮罩：Ctrl + 7	显示所有已隐藏的物体：Ctrl + Alt + 3
混合物体：Ctrl + Alt + B	连接路径：Ctrl + J	取消图像遮罩：Ctrl + Alt + 7	

4. 文字处理（表6-4）

表6-4　文字处理

文字左对齐或顶对齐：Ctrl + Shift + L	文字居中对齐：Ctrl + Shift + C	将所选文本的文字增大2像素：Ctrl + Shift + >
文字右对齐或底对齐：Ctrl + Shift + R	文字分散对齐：Ctrl + Shift + J	将所选文本的文字减小2像素：Ctrl + Shift + <
将字体宽高比还原为1：1：Ctrl + Shift + X	将字距设置为0：Ctrl + Shift + Q	将所选文本的文字减小10像素：Ctrl + Alt + Shift + <
将图像显示为边框模式（切换）：Ctrl + Y	将行距减小2像素：Alt + ↓	将所选文本的文字增大10像素：Ctrl + Alt + Shift + >
显示/隐藏路径的控制点：Ctrl + H	将行距增大2像素：Alt + ↑	缩小字符间距：Alt + ←

显示/隐藏标尺：Ctrl + R	放大到页面大小：Ctrl + 0	放大字符间距：Alt + →
显示/隐藏参考线：Ctrl + ;	实际像素显示：Ctrl + 1	对所选对象预览（在边框模式中）：Ctrl + Shift + Y

5. 视图操作（表 6 – 5）

表 6 – 5　视图操作

锁定/解锁参考线：Ctrl + Alt + ;	将所选对象变成参考线：Ctrl + 5	将变成参考线的物体还原：Ctrl + Alt + 5
贴紧参考线：Ctrl + Shift + ;	显示/隐藏网格：Ctrl + ″	显示/隐藏 "制表" 面板：Ctrl + Shift + T
捕捉到点：Ctrl + Alt + ″	贴紧网格：Ctrl + Shift + ″	显示或隐藏工具箱以外的所有调板：Shift + TAB
应用敏捷参照：Ctrl + U	显示/隐藏 "段落" 面板：Ctrl + M	显示/隐藏 "信息" 面板：F8
显示/隐藏 "字体" 面板：Ctrl + T	显示/隐藏 "画笔" 面板：F5	选择最后一次使用过的面板：Ctrl + ~
显示/隐藏所有命令面板：Tab	显示/隐藏 "颜色" 面板：F6	显示/隐藏 "属性" 面板：F11
显示/隐藏 "渐变" 面板：F9	显示/隐藏 "图层" 面板：F7	显示/隐藏 "描边" 面板：F10

第7章

Illustrator 图形的绘制与编辑

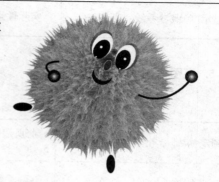

📖 能力目标

1. 能够运用组合键编辑矢量图像
2. 能够运用软件的参考线进行编辑
3. 能够运用组合键进行视图的平移和缩放操作

☎ 知识目标

1. 熟练掌握基础绘图工具
2. 熟练掌握路径绘图工具
3. 能够对图形进行描边和填色

🔲 素养目标

1. 操作规范，符合"5S"管理
2. 具备举一反三和总结归纳能力
3. 具有积极向上和踏实认真的学习态度

7.1 基础绘图工具

7.1.1 线形绘图工具

在 Illustrator 中包括"直线段"工具、"弧形"工具、"螺旋线"工具、"矩形网格"工具和"极坐标网格"工具 5 种线型绘图工具。使用这些工具既可以快速、准确地绘制出标准的线型对象，也可以绘制出复杂的线型对象。

1. 直线段工具

使用直线段工具可以直接绘制各种方向的直线。直线段工具的使用非常简单，选择工具箱中的直线段工具，在画板上单击，并按照所需的方向拖动鼠标即可，如图 7 – 1 所示。

也可以通过"直线段工具选项"对话框来创建直线。选择直线段工具，在希望线段开始的位置单击，打开"直线段工具选项"对话框。在输入完参数以后，单击"确定"按钮，即可在画布上绘制出相应的直线段，如图 7 – 2 所示。

图 7 - 1　任意直线绘制

图 7 - 2　固定参数直线绘制

技巧提示： 可以在绘制直线段的同时使用键盘快捷键。
- 按 Shift 键，沿间隔45°方向绘制直线。
- 按 Alt 键，以单击点为中心向两侧伸展直线
- 按 ~ 键，随着鼠标拖动绘制多条直线。

2. 弧形工具

弧形工具可以用来绘制各种曲率和长短的弧线，可以直接选择该工具后在画板上拖动，或通过"弧线段工具选项"对话框来创建弧线。在对话框中可以设置弧线段的长度、类型、基线轴及斜率的大小，如图 7 - 3 所示。

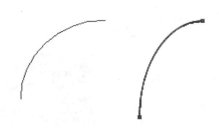

图 7 - 3　弧线绘制

技巧提示： 可以在绘制弧线段的同时使用键盘快捷键。
- 按 Shift 键，绘制正弧线。
- 按 Alt 键，以单击点为中心向两侧伸展弧线。

- 按~键，随着鼠标拖动绘制多条弧线。
- 按上、下方向键↑、↓键，可控制弧线的弧度。
- 按 X 键，镜像弧线。
- 按 C 键，开放或闭合弧线。

3. 螺旋线工具

螺旋线工具可用来绘制各种螺旋形状。可以直接选择该工具后在画板上拖动，也可以通过"螺旋线"对话框来创建螺旋线。"衰减"可设置螺旋形内部线条之间的圈数；"段数"可设置螺旋线的螺旋段数，如图 7 - 4 所示。

图 7 - 4   螺旋线绘制

技巧提示：可以在绘制螺旋线的同时使用键盘快捷键。
- 按 Shift 键，以 45°增量值旋转。
- 按 Ctrl 键，可调整螺旋线的紧密程度。
- 按~键，随着鼠标拖动绘制多条直线。
- 按上、下方向键↑、↓键，可增加或减少螺旋线的圈数。

4. 矩形网格工具

矩形网格工具用于制作矩形内部的网格。用户可以选择该工具直接在画板上拖动，或通过"弧线段工具选项"对话框来精确创建网格，如图 7 - 5 所示。选择矩形网格工具后在画板上单击鼠标，可以打开"弧线段工具选项"对话框。

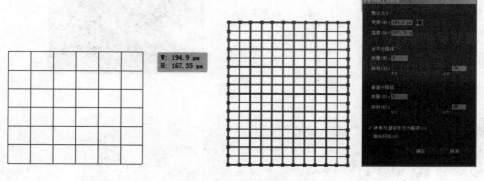

图 7 - 5   矩形网格绘制

技巧提示：可以在绘制网格线的同时使用键盘快捷键。

- 按 Shift 键，正方形网格。
- 按 Alt 键，以单击点为中心向外绘制矩形。
- 按 Shift + Alt 组合键，以单击点为中心的正方形网格。
- 按上、下左右方向键，可控制网格的行数及列数。
- 按 ~ 键，随着鼠标拖动绘制多个。
- 按 F、V、X、C 键，可以 10% 来调整网格的边缘距离。

5. 极坐标网格工具

极坐标网格工具可以绘制同心圆，或按照指定的参数绘制确定的放射线段。使用极坐标网格工具可以绘制诸如标靶、雷达图形等，如图 7 - 6 所示。和矩形网格的绘制方法类似，可以直接选择工具在画板上拖动，也可以通过"极坐标网格工具选项"对话框来创建极坐标图形。

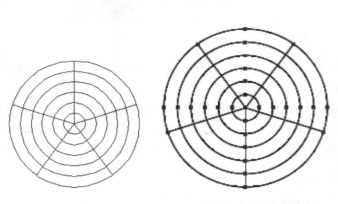

图 7 - 6   同心圆绘制

技巧提示：可以在绘制极坐标网格的同时使用键盘快捷键。

- 按 Shift 键，绘制正圆形网格。
- 按 Alt 键，以单击点为中心向外绘制极坐标网格。
- 按 Shift + Alt 组合键以单击点为中心的极坐标网格。
- 按上、下方向键↑、↓，可控制同心圆的圈数。
- 按左、右方向键←、→，可控制控制同心圆分割线的条数。
- 按 ~ 键，随着鼠标拖动绘制多个。
- 按 F、V、X、C 键，可以 10% 来调整网格的偏移距离。

7.1.2   几何形状绘图工具

Illustrator 中提供了矩形工具、圆角矩形工具、椭圆工具、多边形工具、星形工具和光晕工具等多种形状工具。使用这些形状工具可以绘制相应的标准形状，也可以通过参数的设置来绘制形态丰富的图形。

1. 绘制矩形、圆角矩形、椭圆

矩形是几何图形中最基本的图形。要绘制矩形，可以选择工具箱中的矩形工具，把鼠标指针移动到绘制图形的位置，单击鼠标设定起始点，以对角线方式向外拉动，直到得到理想的大小为止，然后再释放鼠标即可创建矩形，如图7-7所示。如果按住 Alt 键时按住鼠标左键拖动绘制图形，鼠标的单击点即为矩形的中心点。如果单击画板的同时按住 Alt 键，但不移动，可以打开"矩形"对话框。在对话框中输入宽度、高度值后，将以单击面板处为中心向外绘制矩形。

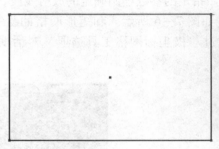

图7-7　矩形绘制

如果想准确地绘制矩形，可选择矩形工具，然后在画板中单击鼠标，打开"矩形"对话框，在其中设置需要的宽度和高度即可创建矩形。

选择圆角矩形工具之后，在画板上单击鼠标，在打开的"圆角矩形"对话框（图7-8）中多出一个"圆角半径"的选项，输入的半径数值越大，得到的圆角矩形的圆角弧度越大；半径数值越小，得到的圆角矩形的圆角弧度越小；当输入的数值为0时，得到的是矩形。

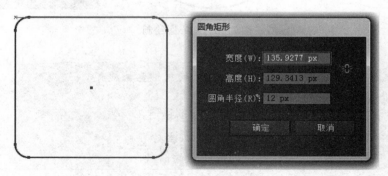

图7-8　圆角矩形绘制

椭圆形和圆角矩形的绘制方法与矩形的绘制方法基本上是相同的。使用椭圆工具可以在文档中绘制椭圆形或者圆形图形。用户可以使用椭圆工具通过拖动鼠标的方法来绘制椭圆图形，也可以通过"椭圆"对话框来精确地绘制椭圆图形。对话框中"宽度"和"高度"的数值指的是椭圆的两个不同直径的值，如图7-9所示。

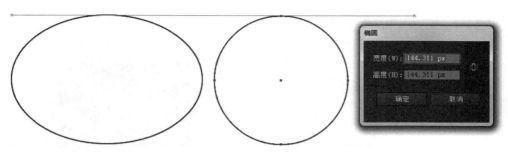

图 7 – 9　椭圆绘制

技巧提示： 可以在绘制矩形、圆角矩形、椭圆的同时使用键盘快捷键。
- 按 Shift 键，画正方形、正圆角矩形、正圆。
- 按 Alt 键，以单击点为中心画矩形、圆角矩形、椭圆。
- 按 Shift + Alt 组合键，以单击点为中心画正方形、正圆角矩形、正圆。
- 按 ~ 键，随着鼠标拖动绘制多个。
- 在绘制圆角矩形时，按键盘上、下方向键↑、↓可调整圆角的半径大小。

2. 绘制多边形

　　多边形工具用于绘制多边形。在工具箱中选择多边形工具，在画板中单击，即可通过"多边形"对话框创建多边形。在对话框中，可以设置"边数"和"半径"。半径是指多边形的中心点到角点的距离，同时鼠标的单击位置成为多边形的中心点，如图 7 – 10 所示。多边形的边数最少为 3，最多为 1 000；半径数值的设定范围为 0 ~ 2 889.779 1 mm。

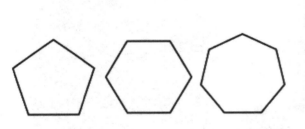
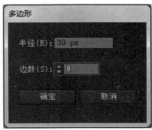

图 7 – 10　多边形绘制

技巧提示： 可以在绘制多边形的同时使用键盘快捷键。
- 按 Shift 键，绘制正多边形。
- 按 ~ 键，随着鼠标拖动绘制多个多边形。
- 按键盘上、下方向键↑、↓，可调整多边形的边数。

3. 绘制星形

　　使用星形工具可以在文档页面中绘制不同形状的星形图形。在工具箱中选择星形工具，在画板上单击，打开"星形"对话框。在这个对话框中可以设置星形的"角点数"和"半径"。此处，有两个半径值，"半径 1"代表凹处控制点的半径值，"半径 2"代表顶端控制

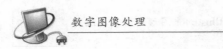

点的半径值，如图 7 – 11 所示。

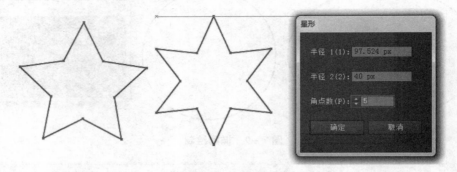

图 7 – 11　星形绘制

技巧提示： 可以在绘制星形的同时使用键盘快捷键。

- 按 Shift 键，绘制约束方向的星形。
- 按 ~ 键，随着鼠标拖动绘制多个星形。
- 按键盘上、下方向键 ↑、↓，可调整星形的边数。

4. 光晕工具

使用光晕工具，可以在文档中绘制出具有光晕效果的图形。该图形具有明亮的居中点、晕轮、射线和光圈，如果在其他图形对象上应用该图形，将获得类似镜头眩光的特殊效果，如图 7 – 12 所示。

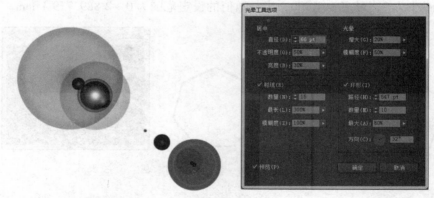

图 7 – 12　光晕设置

技巧提示： "光晕工具选项" 对话框中的选项如下。

- "居中" 选区中可以控制闪耀图形中心控制点的 "直径" "不透明度" 和 "亮度" 参数。"直径" 取值范围为 0 ~ 1 000 pt，值越大，明亮部分越大。"不透明度" 和 "亮度" 的取值范围为 0 ~ 100%。
- "光晕"："增大" 值越大，晕轮越大；"模糊度" 值越大，晕轮就越模糊。
- "射线"：可设置闪耀图形包含的直线的数目、长度和模糊程度。
- "环形"：可调整光圈的路径长度、数量、大小和角度。

7.1.3　绘制抽象图形

第 1 步：按快捷键 Ctrl + N，新建一个 800 × 600 px 的画布，如图 7 – 13 所示。

微课 7 – 1　绘制
抽象图形

图 7 – 13　创建文档

第 2 步：从工具栏选择矩形工具，新建一个 800 × 600 px 的矩形，填充黑色，并使用选择工具与画布对齐，作为背景，如图 7 – 14 所示。

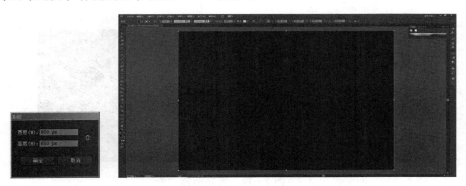

图 7 – 14　矩形背景

第 3 步：按组合快捷键 Ctrl + R 调出标尺，使用选择工具拉两条平均分布画布的参考线，通过　对齐参考线，如图 7 – 15 所示。

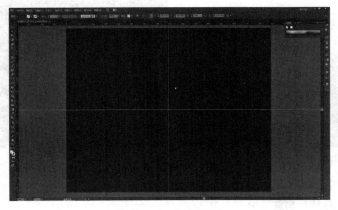

图 7 – 15　标尺调用

第4步：使用多边形工具，单击参考线的交叉点，由画布的中心绘制一个三角形，通过选择工具适当地调整三角形的大小，如图7-16所示。

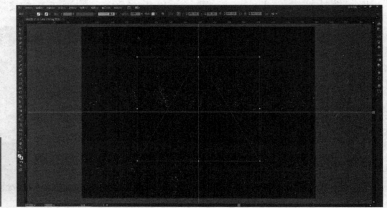

图7-16 绘制三角形

第5步：使用调色板为三角形着色（颜色可根据个人喜好随意设置），如图7-17所示。

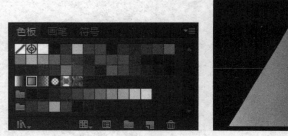 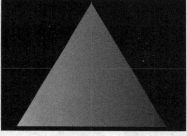

图7-17 填充颜色

第6步：单击菜单项"效果"→"风格化"→"圆角"，设置三角形的圆角，如图7-18所示。

 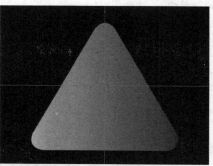

图7-18 设置圆角

第7步：单击工具箱 把填充和描边互换，如图7-19所示。

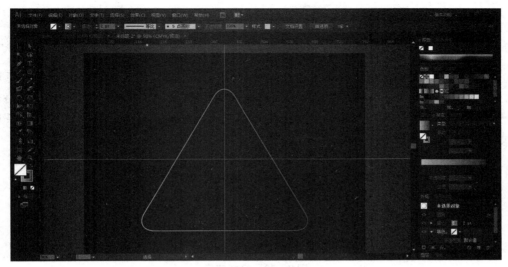

图 7 – 19　图形描边

第 8 步：选中三角形，使用工具箱中的旋转工具，将鼠标移到画布中心，按快捷键 Alt 把旋转中心固定在参考线交叉点上，单击，则以交叉点为中心旋转，在旋转窗口中设置旋转角度 3°，单击"复制"按钮，如图 7 – 20 所示。

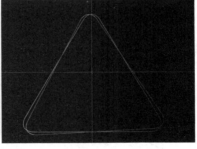

图 7 – 20　复制图形

第 9 步：使用快捷键 Ctrl + D 连续复制，直到复制出一个圆环，如图 7 – 21 所示。

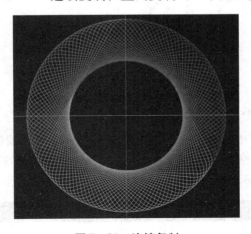

图 7 – 21　连续复制

7.2　路径绘图工具

在绘制图形时，一定会碰到"路径"这个概念，路径是使用绘图工具创建的任意形状的曲线，使用它可以勾勒出物体的轮廓，所以也称为轮廓线。为了满足绘图的需要，路径又分为开放路径和封闭路径。开放路径就是路径的起点与终点不重合，封闭路径是一条连续的、起点和终点重合的路径，如图 7－22 所示。

图 7－22　绘制路径

路径由锚点和线段组成，可以通过调整路径上的锚点或线段来改变它的形状。锚点是构成直线或曲线的基本元素。Illustrator CS6 中的锚点分为平滑点和角点两种类型。角点所处的地点，路径形状会急剧地改变。角点可分为 3 种类型：直线角点、曲线角点、复合角点。如图 7－23 所示。

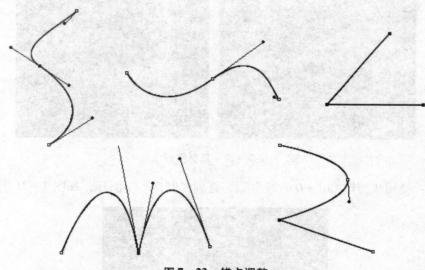

图 7－23　锚点调整

7.2.1　钢笔绘图工具

钢笔工具是 Illustrator 中最基本也是最重要的工具，它可以绘制直线和平滑的曲线，并且可以对线段进行精确的控制。使用钢笔工具绘制路径时，控制面板中包含多个用于锚点编辑的工具，如图 7－24 所示。

图 7－24　钢笔工具控制面板

1. 钢笔工具绘制路径（P）

使用钢笔工具，开始绘制第一个锚点，单击，画直线；拖动，画曲线；按 Alt 键并拖动控制柄，可调整一支控制柄而不影响另一支；按 Alt 键并单击锚点，可隐藏一支控制柄。按 Ctrl 键临时切换到"直接选择工具"；按 Alt 键临时切换到"转换点工具"；按 Ctrl 键并单击空白处，开放路径结束。

2. 调整锚点和路径

（1）选择路径或锚点。

- 选择工具：选定整个路径。
- 直接选择工具：选定路径段和锚点。

（2）添加、删除和转换锚点。

对已选择的路径使用钢笔工具，或对已选择的路径使用添加删除锚点工具，会增加或删除锚点。对已选择的路径使用转换点工具，可以将平滑点转换为无方向线的角点，也可以将平滑点转换为有方向线的角点，还可以将角点转换为平滑点。

添加锚点：添加锚点可以增加对路径的控制，也可以扩展开放路径。但不要添加过多锚点，较少锚点的路径更易于编辑、显示和打印。

用添加锚点工具在路径上的任意位置单击，即可增加一个锚点。如果是直线路径，增加的锚点就是直线点；如果是曲线路径，增加的锚点就是曲线点。增加额外的锚点可以更好地控制曲线。

如果要在路径上均匀地添加锚点，可以选择菜单栏中的"对象"→"路径"→"添加锚点"命令，原有的两个锚点之间就增加了一个锚点。

删除锚点：在绘制曲线时，曲线上可能包含多余的锚点，这时删除一些多余的锚点可以降低路径的复杂程度，在最后输出的时候也会减少输出的时间。

使用删除锚点工具在路径锚点上单击，就可以将锚点删除。也可以直接单击控制面板中的"删除所选锚点"按钮，或选择"对象"→"路径"→"移去锚点"命令来删除所选锚点。图形会自动调整形状，删除锚点不会影响路径的开放或封闭属性。

转换锚点：使用"转换锚点"工具在曲线锚点上单击，可将曲线变成直线点，然后按住鼠标左键并拖动，就可以将直线点拉出方向线，也就是将其转化为曲线点。锚点改变之后，曲线的形状也相应地发生变化。

> **技巧提示**：不同类型锚点的区别如下。
> - 平滑点→无方向线的角点：在已选择的路径上，使用转换点工具直接在锚点上单击。
> - 平滑点→有方向线的角点：选取锚点一侧的路径段，使用转换点工具，拖动方向线上的控制点。
> - 角点→平滑点：在已选择的路径上，使用转换点工具拖动锚点，拉出方向线。

7.2.2　选取路径图形

Illustrator 中提供了多种选择工具来选择路径图形。

1. 选择工具

用于选定整个路径及移动或变换路径图形。

- 选择单个对象：鼠标单击。
- 选择多个对象：按住 Shift 键的同时，单击鼠标分别点选，或直接用鼠标框选。
- 选择多个对象后减选对象：按 Shift 键的同时，在已选中的对象上单击鼠标，减选已经选择的对象。
- 被选中的对象周围会出现带控制点的定界框，可进行移动、缩放及旋转操作。

2. 编组选择工具

编组选择工具与选择工具使用方法类似，不过它是用于选择编组中的一个或多个对象。

3. 直接选择工具

用于选定路径段或锚点，主要用于调整图形形状。

4. 魔棒工具

用于选定具有相同笔触或填充属性的图形对象。

5. 套索工具

将光标移动过的区域的所有对象或路径选中。

7.2.3 编辑路径

1. 剪刀工具分割路径

选择剪刀工具，在路径上单击即可将路径沿单击处分离，如图 7 – 25 所示。

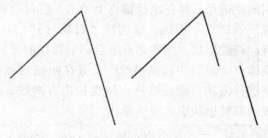

图 7 – 25　剪刀工具

2. 刻刀工具切割路径

可将闭合路径切割成两个独立的闭合路径，此工具不能用于开放路径。选择刻刀在要切割的闭合路径上按下并拖动鼠标，画出切割线即可，如图 7 – 26 所示。切割图形时，按下 Alt 键可使切割的路径呈直线。

3. "对象"→"路径" 菜单下各项命令编辑路径

平均锚点：是一个特殊的节点编辑工具，用于重新排列选中锚点的位置。选择两个或以

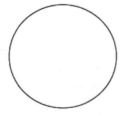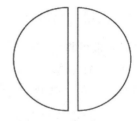

图 7 – 26　刻刀工具

上需要编辑的锚点后，选择"对象"→"路径"→"平均"，如图 7 – 27 所示。

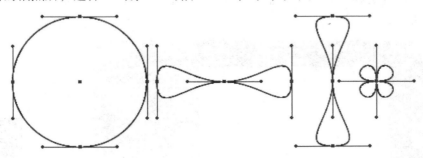

图 7 – 27　平均锚点

水平：排列在一条水平线上；垂直：排列在一条垂直线上；两者兼有：选中的锚点被集中在一起。

连接端点：可以将位于开放路径两端的锚点连接起来，使开放路径闭合或将两条开放的路径连接为一条开放的路径，如图 7 – 28 所示。选择开放路径上两个端点，执行"连接"命令或按快捷键 Ctrl + J。

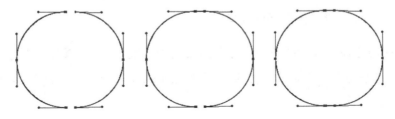

图 7 – 28　连接锚点

轮廓化描边：可以将选择路径中的笔触转换为填充的图形。

偏移路径：可以得到一条路径在原路径基础上偏移一定距离后的嵌套路径。

添加锚点/删除锚点：可以在选择路径中的每两个锚点中心点上添加一个新的锚点，或删除所选的多个锚点。

简化：执行该命令，可以在尽可能保持原路径形态的状态下减少路径中的多余锚点，以达到简化路径的效果。

分割下方对象：使用选定的对象切穿下方其他对象，而丢弃原来所选的对象。

分割为网格：可将所选图形按设定好的格数分割为数行或数列网格图形。

清理：利用"清理"命令可以清除页面中多余的游离点，以及空白文本框、没有填充属性和笔画属性的对象。

7.2.4 使用"路径查找器"面板

使用该面板可将许多简单路径经过特定的运算之后形成各种复杂的路径。操作方法：单击菜单命令"窗口"→"路径查找器"或者使用快捷键 Ctrl + Shift + F9 激活路径查找器，如图 7 – 29 所示。

图 7 – 29 路径查找

7.2.5 绘制点状扩散效果

第 1 步：按快捷键 Ctrl + N，新建一个 800 × 800 px 的画布，按快捷键 Ctrl + R 调出标尺，如图 7 – 30 所示。

图 7 – 30 创建文档

微课 7 – 2 绘制
点状扩散效果

第 2 步：使用选择工具拉两条平均分布画布的参考线，通过 对齐参考线，单击"椭圆工具"，以参考线交叉点为圆心，按住快捷键 Alt + Shift 绘制正圆，如图 7 – 31 所示。

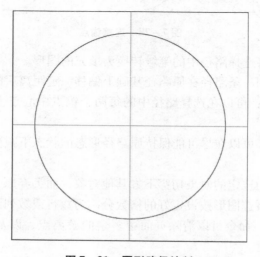

图 7 – 31 圆形路径绘制

第 3 步：使用直接选择工具，选择路径中下面的锚点，按 Delete 键删除锚点，修改为半圆形路径，如图 7 – 32 所示。

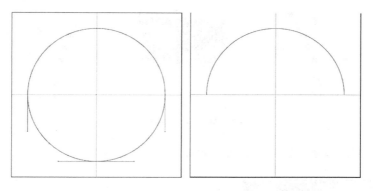

图 7 – 32　删除锚点

第 4 步：使用椭圆工具沿着相同水平轴绘制三个不同大小的圆点，如图 7 – 33 所示。

第 5 步：使用工具栏中的混合工具，从左至右依次点选三个圆点，执行混合操作，效果如图 7 – 34 所示。

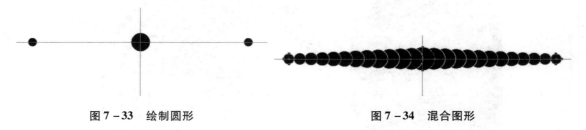

图 7 – 33　绘制圆形　　　　　　　　　　　　图 7 – 34　混合图形

第 6 步：使用选择工具，按住 Shift 键，用鼠标左键分别点选混合项和半圆路径，使用菜单命令"对象"→"混合"→"替换混合轴"，效果如图 7 – 35 所示。

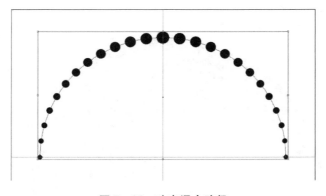

图 7 – 35　改变混合路径

第 7 步：双击"混合工具"，打开"混合选项"对话框，设置间距为指定的步数 15 步，单击"确定"按钮，效果如图 7 – 36 所示。

第 8 步：使用选择工具单击混合后的对象，执行菜单命令"效果"→"扭曲和变换"→

图7－36 设置混合步数

"变换"，打开"变换效果"窗口，设置参数如图7－37所示。

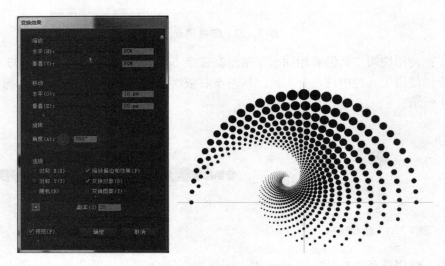

图7－37 执行变换

第9步：使用选择工具混合后的图形，在色板中选择渐变蓝色，最终效果如图7－38所示。

图7－38 填充颜色

7.2.6　创意螺旋线效果

第 1 步：打开 AI，创建文件，在画布上先画一个基本图形，基本图形不同，最终产生的效果也不同，可以多次尝试，如图 7 - 39 所示。

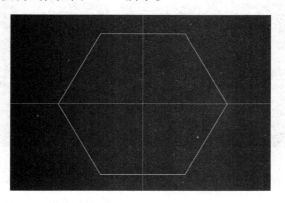

微课 7 - 3　绘制
创意螺旋线

图 7 - 39　绘制多边形

第 2 步：选择基本形状，单击菜单命令"效果"→"扭曲和变幻"→"变换"，打开"变换效果"对话框，如图 7 - 40 所示。

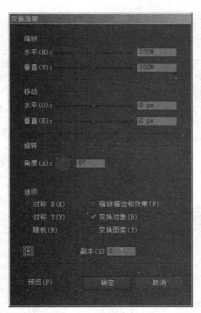

图 7 - 40　"变换效果"对话框

第 3 步：在"变换效果"对话框中输入缩放数值和副本数值，数值根据基本形状及大小随意输入，勾选"预览"复选框，效果如图 7 - 41 所示。

第 4 步：调整变换效果角度，角度不同，则效果不同，如图 7 - 42 所示。

第 5 步：上色，最终效果如图 7 - 43 所示。

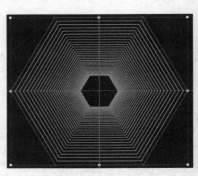

图 7 - 41　缩放并复制图形

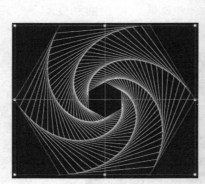

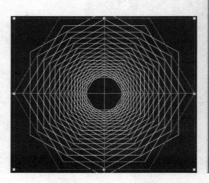

图 7 - 42　调整变换角度

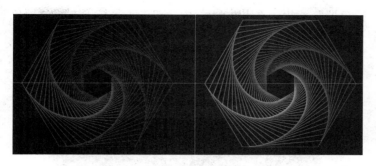

图 7 - 43　最终效果

7.3　填充和描边

对象的填充是形状内部的颜色，可以将一种颜色、图案或渐变应用于整个对象。描边主要针对图形的路径部分，可以进行宽度、颜色的更改，也可以创建虚线描边，或使用画笔为风格化描边上色。

7.3.1　描边路径

在 Illustrator 中，可以使用工具箱中的颜色控制组件对选中的对象进行描边和填充的设置，也可以设置即将创建的对象的描边和填充属性，如图 7 - 44 所示。

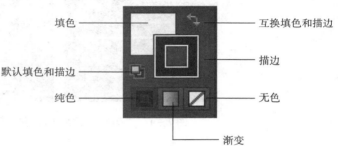

图 7 - 44　描边和填充属性

（1）设置笔触与填充效果基本操作：选择图形对象后，单击填色图标后，可设置填充色，单击描边图标，可再设置描边色。

（2）使用"描边"面板："描边"面板提供了对描边属性的控制，其中包括描边线的粗细、边角形状、对齐描边及虚线等设置，如图 7 - 45 所示。

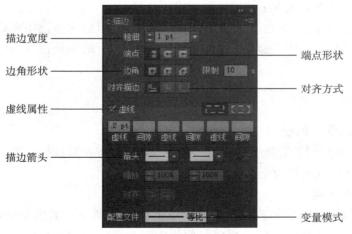

图 7 - 45　描边形状控制

（3）使用"拾色器"面板：在 Illustrator 中，双击工具箱下方的"填色"或"描边"图标，都可以打开"拾色器"对话框，如图 7 – 46 所示。

图 7 – 46　拾色器面板

（4）使用"颜色"面板和"色板"面板，如图 7 – 47 所示。

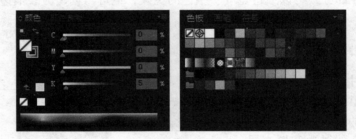

图 7 – 47　"颜色"面板（a）和"色板"面板（b）

7.3.2　填充

1. 单色填充

（1）单色填充工具及拾色器：吸管工具，可以吸取其他图形或图像中的颜色，以填充页面中所选图形（还可以吸取某些属性附加给所选图形或文字）。

（2）单色填充面板："颜色"面板、"色板"面板，可以对所选图形进行精确数值颜色填充（颜色参考面板可以将"颜色"面板中所选颜色进行诸如补色等不同属性的分析，供设计者配色使用）。

2. 填充渐变色

（1）使用"渐变"面板。

"渐变"面板可以对渐变类型、颜色、角度、透明度等参数进行设置。在"渐变"面板中可以创建线性和径向两种类型渐变，如图 7 – 48 所示。

（2）使用渐变工具。

渐变工具可以为对象添加或编辑渐变，也提供了"渐变"面板所提供的大部分功能。将要定义渐变色的对象选中，在"渐变"面板中定义要使用的渐变色。再单击工具箱中的

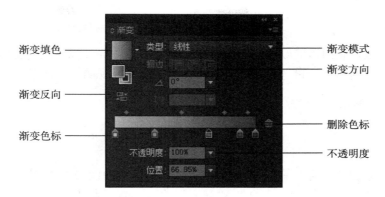

图 7-48 间变面板

渐变工具按钮或按 G 键。在要应用渐变的开始位置上单击，拖动到渐变结束位置上释放鼠标。如果要应用的是径向渐变色，则需要在应用渐变的中心位置单击，然后拖动到渐变的外围位置上释放鼠标即可。

（3）使用网格工具。

网格工具可以基于矢量对象创建网格对象，在对象上形成网格，即创建单个多色对象。其中颜色能够向不同的方向流动，并且从一点到另一点形成平滑过渡。通过在图形对象上创建精细的网格和每一点的颜色设置，可以精确地控制网格对象的色彩。

- 选择"网格"工具，在渐变网格对象上单击，可以添加网格点。
- 使用"网格"工具或"直接选择"工具单击选中网格点，再按 Delete 键，即可将网格点删除。
- 使用"直接选择"工具单击选中网格点，拖曳鼠标，可以移动网格点；拖曳网格点的控制手柄可以调节网格线；在"色板"控制面板中单击需要的颜色块，可以为网格点添加颜色。

3. 填充图案

Illustrator 提供了很多图案，用户可以通过"色板"面板来使用这些图案填充对象。用户还可以创建自定义图案，在 Illustrator 中，可以将基本图形定义成图案，作为图案的图形不能包含渐变、渐变网格、图案及位图。操作：创建好图形后，拖动到色板中即可。图案可以用于轮廓和填充，也可以用于文本。但要使用图案填充文本时，要先将文本转换为路径。

4. 为实时上色组上色

单击"对象"→"实时上色"→"建立"，可将对象转换为实时上色组，并为组内路径的单独边缘和表面指定填充或描边。

"实时上色"组中的所有对象都可以被视为同一平面中的一部分。可以绘制几条路径，然后在这些路径所围出的每个区域（称为一个表面）内分别着色；也可以为各个交叉区域相交的路径部分（称为边缘）指定不同的描边颜色和粗细。

实时上色工具用来对填充和路径线上色。

实时上色选择工具用来选择表面和边缘。

5. 吸管工具

吸管工具可以复制图形的颜色、渐变、图案填充和笔触等外观属性。使用如下：选择要应用复制外观属性的图形，再选择吸管工具，在要被复制外观属性的图形上单击即可。

7.3.3 混合图形

1. 创建混合

使用混合工具和"混合"命令可以为两个或两个以上的图形对象创建混合。选中需要混合的路径后，选择"对象"→"混合"→"建立"命令，或选择混合工具后，分别单击需要混合的图形对象，即可生成混合效果。

2. 设置混合参数

选择混合的路径后，双击工具箱中的"混合"工具，或选择"对象"→"混合"→"混合选项"命令，打开【混合选项】对话框，在对话框中可以对混合效果进行设置。

3. 扩展与混合图形

如果要将相应的对象恢复到普通对象的属性，但又保持混合后的状态，可以选择"对象"→"混合"→"扩展"命令，此时混合对象将转换为普通的对象，并且保持混合后的状态。

4. 沿路径混合对象

选中一组混合对象和一条路径，选择"对象"→"混合"→"替换混合轴"命令。

5. 释放混合对象

单击"对象"→"混合"→"释放"。

7.3.4 绘制卡通小怪物

第1步：打开AI，新建800×600 px大小的画布。

第2步：选用星形工具后，在空白地方单击，出现"星形"对话框，填写数值，得到需要的多角形，如图7-49所示。

微课7-4　绘制
卡通小怪物

图7-49　绘制星形

第 3 步：接着需要把形状上色。先用径向渐变色做模板，再在边上做个圆形的渐变，设置好渐变颜色后赋予对象即可，如图 7 - 50 所示。

图 7 - 50　填充颜色

第 4 步：选中形状，执行菜单命令"效果"→"风格化"→"圆角"，输入半径值，拉伸尖角变成圆，如图 7 - 51 所示。

第 5 步：将做好的形状复制一层，缩小到点的大小，如图 7 - 52 所示。

图 7 - 51　设置圆角　　　　　　　　　　　　　　图 7 - 52　复制并缩放

第 6 步：同时选取大、小两个图形，执行混合命令。单击"对象"→"混合"→"混合选项"，填写数值（图 7 - 53）后，单击"对象"→"混合"→"建立"。

图 7 - 53　对象混合

第 7 步：对混合后的对象执行扭曲和变换效果。执行菜单命令"效果"→"扭曲和变换"→"收缩和膨胀"，输入数值，如图 7 - 54 所示。

图 7 – 54　执行收缩和膨胀

第 8 步：用粗糙化命令添加毛绒效果。执行菜单命令 "效果"→"扭曲和变换"→"粗糙化"，输入数值，并调节中心形状的位置，如图 7 – 55 所示。

图 7 – 55　执行粗糙化

第 9 步：最后配上五官和四肢，如图 7 – 56 所示。

图 7 – 56　最终效果

第 8 章

Illustrator 文本使用方法

📖 能力目标

1. 能够恰当地运用点文本、区域文本、路径文本、图文排版技术
2. 能够运用文本变形及相关知识创建以文字为主体的广告设计
3. 能够运用外观、效果进行文字效果处理

📠 知识目标

1. 掌握文字的编辑属性，熟悉变形、变换等工具的应用技术
2. 熟练运用外观、透明度、效果、滤镜等进行文字创意制作
3. 掌握图文排版技术和要点

📇 素养目标

1. 掌握文字的编辑属性，熟悉变形、变换等工具的应用技术
2. 熟练运用外观、透明度、效果、滤镜等进行文字创意制作
3. 掌握图文排版技术和要点

8.1 文字的创建与编辑

人们普遍认为 Illustrator 是强大的矢量绘图软件，实际上它的文字编辑与排版功能更优于 Photoshop。那么如何创建文字，如何编辑文字呢？这里通过给一个 DM 宣传单添加文字内容为例，让大家熟练掌握文字的创建与编辑。

在工具箱中提供了多种文本工具，利用这些工具可以创建点文本、区域文本、路径文本等。可以通过"字符"调板设置文本的字符级格式。"段落"调板是可以设置文本的段落级格式。还有可以利用文字特效创造丰富的文字效果，例如在文字中插入图形、变形文字、应用预设样式、文本绕图等。

8.1.1 创建及编辑文本对象

第 1 步：打开招贴素材 8 - 1. ai 文件素材，单击工具箱中的文字工具 T，在图档上方拖出文本框，设置文字字体为"方正兰亭特黑简体"，文字尺寸为"44 pt"；文字内容为"装饰工程品鉴会"，设置文字的填充颜色为白色，描边为空，如图 8 - 1 所示。单击"文本"→"段落"→"居中对齐"按钮。

图 8 – 1　输入文字

微课 8 – 1　文字
的创建与编辑

第 2 步：使用选取工具 ![选取工具] 并拾取上述文本框，调整到合适位置。按住 Alt 键，同时用选取工具拾取文本框向上方拖动一点距离，此时复制出一个新的文本框，如图 8 – 2 所示。

图 8 – 2　配合 Alt 键复制文本

第 3 步：选择位于下层的文本框，设置文字填充颜色为黑色，该文本框作为上层文字的阴影，如图 8 – 3 所示，一个有阴影的文字就呈现了。

图 8 – 3　制作阴影效果

8.1.2　吸管工具复制文字属性

在 Illustrator 中可以对已经编辑好的文字进行复制操作。工具栏中的吸管工具可以将其他字符的字体、段落、填充等属性复制到自身上，而油漆桶工具则可以将复制的属性应用于其他文本或对象。通过吸管工具和油漆桶工具的配合使用，很容易完成对象之间或不同文件的对象之间的对象属性复制。

在 8 – 1. ai 文件中，使用文字工具输入文字"装修品鉴邀请您！"，字体为迷你简方叠体，字号为 28，颜色为白色。将文本框移至绿色框线内，效果如图 8 – 4 所示。

图 8 – 4　输入文字

使用选择工具拾取文本框，此时文本框呈现可调节状态，将光标置于文本框的直角外侧，光标变为"旋转"状态，拖动光标旋转，使文字与拉扯的布背景边缘角度一致，如图 8 - 5 所示。

图 8 - 5　设置文本框与布边缘角度一致

再使用文字工具输入文字"抽奖还有代金券哦！"，此时的文字是宋体、黑色，如图 8 - 6 所示，需要修改。

图 8 - 6　添加新的文本框

保持上述文本框被选取状态，使用工具栏中的吸管工具，在"装修品鉴邀请您！"文本框上吸取一下，可见文本属性与吸管拾取的文字一样了！使用上述方法将文本框做角度调整并使其与拉扯布面的一条边平行，此时可能会出现文本框内文字保持水平，而文本框的角度发生变化的情况，这时要先按 Ctrl + Shift + O 组合键将文字转换成轮廓形，再进行角度调整，如图 8 - 7 ~ 图 8 - 10 所示。

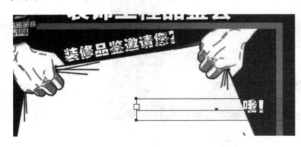

图 8 - 7　吸管复制文字属性

图 8 - 8　旋转文本框，文字保持水平不变

采用吸管工具进行文字复制是非常便捷的，能够有效地提高工作效率。

在此案例中，利用文本工具和吸管工具添加相应的文字，根据画面需要调整文字的角度，收获的是如图 8 - 11 所示的富有创意的 DM 宣传单。

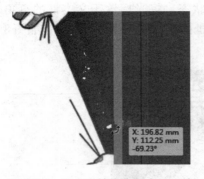

图8-9 将文字转换成轮廓后旋转　　　　**图8-10 调整好文字的位置和大小**

图8-11 DM单最终效果

8.1.3 文本变形

Illustrator可以选中包含文字在内的路径文本或区域文本，对其进行整体变形；也可以只对路径和文本框进行变形。

第 1 步：路径文字。

打开 8 - 2. ai 光盘贴文件，下面将要给圆形的光盘贴添加弧形文字。

首先绘制一个填充为空、轮廓为空的正圆形，它将被作为文字的路径，如图 8 - 12 所示。使用路径文字工具 ✍ 在路径上单击，路径上出现文字输入符号，如图 8 - 13 所示。输入文字"炫酷街舞 Street Dance"，如图 8 - 14 所示。设置字体为造字工房凌黑常规体，字号为50，文字颜色为白色。

微课 8 - 2　路径文字的创建与编辑

第 2 步：对齐文字与背景。

同时选择路径和光盘背景，单击菜单栏下方的对齐工具，执行垂直居中对齐、水平居中对齐各一次，可见文本与背景完美重叠于同一圆心，如图 8 - 15 所示。

图 8 - 12　绘制圆形路径

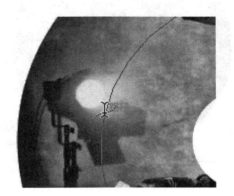

图 8 - 13　路径上的文字输入符号

图 8 - 14　输入文字

图 8 - 15　对齐文字与背景

第 3 步：路径文字大变形。

拾取路径文字，使其呈工作状态，选择自由变换工具 ，将光标置于路径文字框线的中间节点上，此时光标变成斜切图标，如图 8 – 16 所示。

图 8 – 16　斜切图标

拖动光标使路径文字向右侧倾斜，倾斜的角度可自由掌握，以文字呈动感效果为宜，如图 8 – 17 所示。将光标移入文本框内部，光标变成指针，拾取文本框，移动文字，使所有内容全部呈现在光盘中，如图 8 – 18 所示。

图 8 – 17　斜切效果

图 8 – 18　调整文字位置

使用文字工具输入大写英文"DANCE"，字体选择细一点的，如图 8 – 19 所示。

图 8 – 19　输入英文"DANCE"

选择"DANCE"文本框并右击，弹出右键菜单，选择"创建轮廓"命令，如图 8 – 20 所示，或者按快捷键 Ctrl + Shift + O 将文字转换成轮廓图形。

保持轮廓文字的选中状态，选择工具栏中的自由变换工具 ，AI 面板会出现一个独立的自由变换工具条，包含了"限制""自由变化""透视扭曲""自由扭曲"四个工具，如图 8－21 所示。选择"透视扭曲"工具，在轮廓文字框的右上角向内拖动，轮廓文字呈现水平透视效果，如图 8－22 所示。

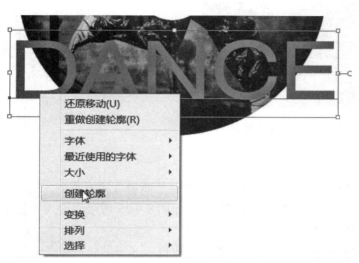

图 8－20　创建轮廓

图 8－21　自由变换工具

　　调整 DANCE 文字尺寸并使其位于光盘下方的中间部位，由变形文字创建的光盘贴效果如图 8－23 所示。

图 8－22　水平透视轮廓文字

图 8－23　光盘贴最后效果

　　技巧提示：要得到沿路径的边缘环文字，用工具箱中的路径文字工具，在路径边缘单击时，默认是在路径外围的文字。

　　若想得到封闭路径内部环形文字，在输入文字后，按 V 选择工具选中，菜单"文字"→"路径文字"→"路径文字选项"，输入文字后按快捷键 V（选择工具），在弹出菜单执行"文字"→"路径文字"→"路径文字选项"，打开对话框，将"翻转"复选框勾选。

8.1.4 图文排版编辑

打开 8 – 3. ai 文件（图 8 – 24），这是一幅给攀岩运动做宣传的画面中，将添加一些文字，以达到宣传推广的目的。

图 8 – 24 素材图片

微课 8 – 3 图文
排版的方法

第 1 步：添加标题文字。

画面的右半部分是大面积的黑底，标题文字 "Rock Climbing" 将被安排在这里。

使用文字工具 T 在文本框中键入文字 "Rock Climbing"，如图 8 – 25 所示，设置字体为 Constantia，字号为 37，文字颜色为#E60012。

保持文本框的选中状态，按快捷键 Ctrl + T 打开 "字符" 面板，文字的一部分参数都可在这个面板中看到，如图 8 – 26 所示。

图 8 – 25 输入文字

图 8 – 26 字符面板

单击面板左上角的 "修饰文字工具" 按钮，拾取首字母 "R"，单独对 R 进行文字大小的调整，同时使用 "Bold" 加粗字体。还可以做适当的位置移动。如图 8 – 27 所示。

图 8 – 27 修饰文字的使用

第 2 步：添加正文文字。

使用文字工具  在攀岩者身后的位置拖出一个文本框，将准备好的文字粘贴进去，设置字体为微软雅黑，颜色为 # 40220F，字号为 12 pt。按快捷键 Ctrl + T 打开"字符"面板，设置行间距为 20 pt，如图 8 - 28 所示。

图 8 - 28　正文添加

第 3 步：图文绕排。

现在需要将正文文字分布在攀岩者的身后形成绕排状态，实现这种效果需要有文本和图形共同建立，并且图形必须置于文字上方。本例中人物是背景图上的，绘制一个无填充、无轮廓的攀岩者造型来替代即可。

使用钢笔工具 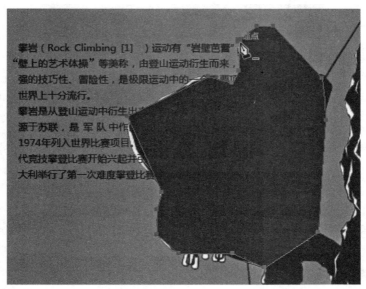 沿着攀岩者的外轮廓绘制一个封闭图形（大致轮廓即可），如图 8 - 29 所示。

图 8 - 29　绘制与攀岩者外形相似的封闭图形

设置该图形的填充、轮廓都为空。同时选择文本框和图形（图8-30），执行"对象"→"文本绕排"→"建立"命令（图8-31），在弹出的对话框中单击"确定"按钮，图文即可呈现绕排效果，如图8-32所示。

图8-30　同时选择文字与图形

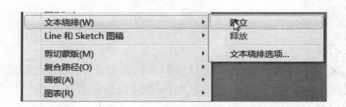

图8-31　建立文本绕排选项

图8-32　图文绕排

第4步：文字变形。

选择文本框，将光标移至右上角外侧，当光标呈现旋转标志时，拖动鼠标旋转文本框。

调整文本框上下、左右的宽度和高低，确定文字全部呈现在框内，如图 8 - 33 所示。

图 8 - 33　文本变形

在调整文本时，一定要注意标点符号的位置，不能出现标点在句首的现象，可以采用手动串位的方式确保画面文字排版规范，如图 8 - 34 所示。

图 8 - 34　调整好的文字排版效果

第 5 步：添加中文标题。

在画面的左上角添加文字"志在顶峰"，字体为造字工房毅黑，字号为 60，颜色为 # C30D23。细微调整位置，使文字处于左上方，如图 8 - 35 所示。

图 8-35 最终效果

8.2 广告字设计——"劲爆 5 月"

字体创意的方法大概分为 3 种：笔画变化、外形变化、结构变化。

笔画变化就是笔画的变化应灵活多样，比如笔画的粗细变化、长短变化、角度变化等。变化中文字的主笔画变化不应过大，变化部分以副笔为主，这样可避免因繁杂而导致辨识不清。

外形变化是在原字体的基础上进行拉长或压扁，或是在限定的造型内做弧形、折线形、曲线形等变化处理，突出文字特征，或以文字含义作为主要表达形式。

结构变化是一个文字分解成多个部分，对个别部分进行放大、缩小，或调整角度与位置，从而获得更有特色的文字造型。

第 1 步：创建文字。

首先输入文字"劲爆 5 月"，字体为正风雅宋简体，字号为 100 pt，颜色为#E83828，如图 8-36 所示。

图 8-36 输入文字

微课 8-4 字体的创意设计

这是中规中矩的雅宋字体，表现"劲爆"内容略显呆板，所以需要进行一些变形处理。

第 2 步：修改文字字形。

Illustrator 的变形工具只能针对图形操作，对文字属性是无效的，因此必须将上述文字转换成轮廓图形。使文字呈被选择状态，按快捷键 Ctrl + Shift + O（创建轮廓），文字图形上出现众多控制点，表明文字已成功转成轮廓图形，如图 8 – 37 所示。

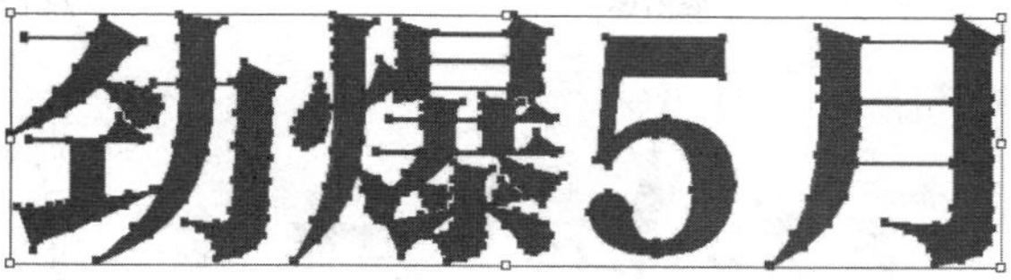

图 8 – 37　创建轮廓

选择工具面板中的变形工具![变形工具]，按住 Alt 键，并使用该工具单击或拖曳，可调节笔触的大小，如图 8 – 38 所示。通过在工具面板中双击变形工具![变形工具]，可以调出“变形工具选项”面板，如图 8 – 39 所示。设置其中画笔的尺寸及变形的细节参数，可以获得适合的效果。

图 8 – 38　Alt 键配合调节笔触

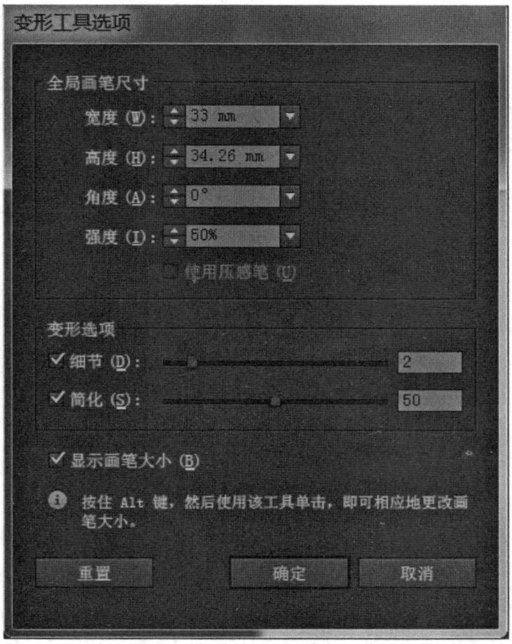

图 8 – 39　变形工具选项

　　操控变形工具的调节点也是最终变形效果的重要因素，在使用中应多试验，找寻规律，获得最佳效果。图 8 - 40 中对"劲爆"两字的"丿"做了变形拉伸处理，使文字看起来更有张力。

图 8 - 40　变形处理"丿"

　　选择旋转扭曲工具 ，保持默认参数，配合 Alt 键目测调节笔触的半径稍大于数字"5"横画的宽度，在合适位置按下鼠标左键做旋转变形操作，注意旋转 3/4 周即可，如图 8 - 41 所示。

图 8 - 41　旋转变形"5"

　　将文本框选中，按快捷键 Ctrl + Shift + G（取消编组），文本框中的 4 个字成为 4 个单独的图形。

　　分别调整文字的位置，将数字"5"适当进行放大，如图 8 - 42 所示。

图 8 - 42　最终文字效果

8.3　毛边文字

　　第 1 步：创建文字。

　　选用比较随意一些的字体，如图 8 - 43 所示。字号设置为 300 pt，字体为方正流行体简体。

微课 8 – 5　毛边字效果

图 8 – 43　输入"毛边"文字

第 2 步：设置文字轮廓边。

设置工具面板中图形轮廓的颜色为紫色，轮廓宽度为 1 pt，不透明度为 100%，轮廓颜色为 # DB19AD，其他参数保持默认，如图 8 – 44 所示。

图 8 – 44　文字轮廓设置

单击属性栏内的"描边"选项，展开"描边"属性面板。选择"虚线"复选框，在参数栏中设置虚线长度为 4 pt，间隙为 1 pt，如图 8 – 45 和图 8 – 46 所示。

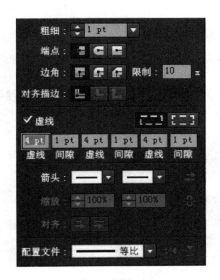

图 8 – 45　虚线设置

图 8 – 46　虚线效果

使文字处于被选中状态，右击，在弹出的快捷菜单中选择"创建轮廓"命令（图 8 – 47），文字属性转变成图形。

再次右击，在弹出的快捷菜单中选择"取消编组"命令，此时文字打散为单独的个体，如图 8 – 48 所示。

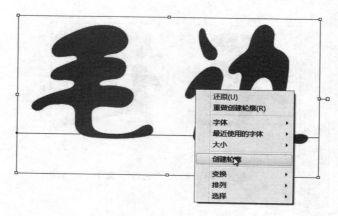

图 8 – 47　创建轮廓

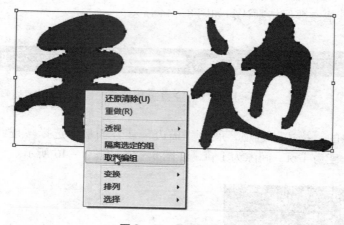

图 8 – 48　取消编组

选择"毛"字，设置填充色为#7F4F21，笔触色为#40220F；选择"边"字，设置填充色为#F3981E，笔触色为#6D1F46。如图 8 – 49 所示。

图 8 – 49　重置文字颜色

第 3 步：设置毛边。

双击"毛"字，在状态栏中设置笔触宽度为 5 pt，画笔笔触样式为炭笔－羽毛，变量宽度配置文件 3；"边"字做同样的操作，如图 8－50 所示。毛边字效果完成，如图 8－51 所示。

图 8－50　笔触设置

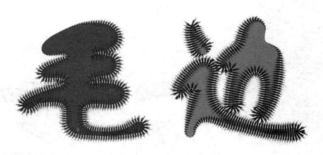

图 8－51　毛边字效果

8.4　多重描边文字

多重描边文字是利用"外观"的描边功能进行层叠套用产生的效果，是非常实用的效果文字。本例是为"众艺网"设计制作的 LOGO 造型，由中文和英文两组文字组成。

第 1 步：设置文字。

输入文字"众艺网"，设置字体为造字工房凌黑（非商用）常规体；文字尺寸根据画面大小设定即可。

设置文字颜色为（C:20,M:0,Y:100,K:0），文字呈现非常靓丽的颜色，如图 8－52 所示。

图 8－52　文字设置

微课 8－6　描边
艺术字效果

第 2 步：添加第一层描边。

打开"外观"面板，给文字层添加描边。"外观"面板下方左侧第一个按钮即是"描边"按钮，单击该按钮后，图层上方增加一个"描边"层。描边层左侧是描边色彩，右侧是描边的粗细。设置描边颜色为黑色，描边大小为 2 pt。参数设置如图 8－53 和图 8－54 所示。

图 8－53　第一层描边设置　　　　　　　　　　图 8－54　第一层描边效果

第 3 步：添加另外两层描边。

继续单击底层"描边"按钮添加描边。设置描边颜色为#2EA7E0，描边尺寸为 7 pt。可见文字的黑色描边外侧新增一条蓝色描边。注意，这里的描边参数一定要大于上一层描边。如图 8－55 和图 8－56 所示。

图 8－55　第二层描边设置　　　　　　　　　　图 8－56　第二层描边效果

第 4 步：设置转角属性。

仔细观察"艺"字转折细节，会发现在比较尖锐的折线处描边效果不理想，如图 8 – 57 所示，这是计算方式错误造成的。可以通过设置端点与边角样式得到满意效果。

图 8 – 57　计算错误的尖角

单击"外观"图层上的"描边"，展开描边参数设置调板。设置端点为"圆头端点"，边角为"圆角连接"。应该将所有的描边做同样的设置。再细致观察文字的尖角部分，错误的形状已经修正为圆角连接，如图 8 – 58 所示。

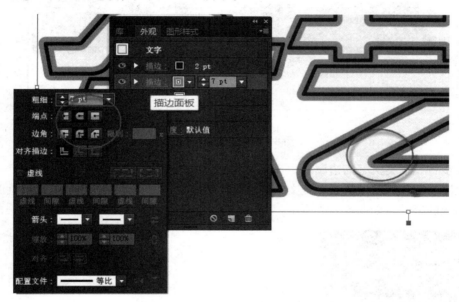

图 8 – 58　调整端点与尖角

拾取文字，继续添加描边，设置描边粗细为 11 pt，颜色为#E83828。观察描边效果，如图 8 – 59 所示。

图 8 – 59　第三层描边

第5步：复制描边效果。

拾取"众艺网"文字，同时按 Alt 键向下复制出新的文本。修改文字为英文"zoye. com"，并调整文字大小使其宽度与上方中文一致。此时观察英文文字本身的色彩已经不能够识别，需要做进一步调整，如图 8 - 60 所示。

图 8 - 60　英文文字设置

第6步：设置英文字描边属性。

参照图 8 - 61 所示参数设置英文的描边，使文字主体为黄色，黑色描边，白色镶边，呈现清雅明快的感觉，如图 8 - 62 所示。

图 8 - 61　英文文字描边参数　　　　　　图 8 - 62　英文文字描边效果

为了让画面效果更加突出，添加一个浅灰色作为背景，至此，一个完全由描边处理的文字 LOGO 制作完成，如图 8 - 63 所示。

图 8 - 63　最终效果

第 9 章

Illustrator 图形上色方法

 能力目标

1. 能够运用吸管工具为图像上色
2. 能够运用渐变工具为图像上色
3. 能够运用渐变网格工具为图像上色

知识目标

1. 了解上色的方法
2. 熟练掌握多种图像上色技巧
3. 熟练掌握上色的基本工具的使用

素养目标

1. 操作规范，符合"5S"管理
2. 具备举一反三和总结归纳的能力
3. 具有积极向上和踏实认真的学习态度

9.1 吸管工具

使用吸管工具可以在对象中对颜色或文字属性进行取样并加以应用，在对象间复制外观属性，其中包括文字对象的字符、段落、填色和描边属性。默认状态下，吸管工具会改变矢量图形对象的所有属性，用户也可以在"检色滴管/油漆桶选项"对话框中自定该工具所影响的属性。

微课 9-1 吸管
工具讲解

第 1 步：在 AI 软件中使用直接选择工具，选定要改变颜色的色块，如图 9-1 和图 9-2 所示。

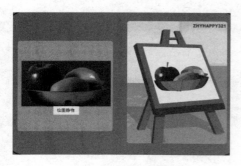

图 9-1 位图图像

图 9-2 选取色块

微课 9-2 吸管
工具实例

第 2 步：用吸管工具在位图图像上吸取颜色，依次选取色块进行填充，如图 9 – 3 所示。

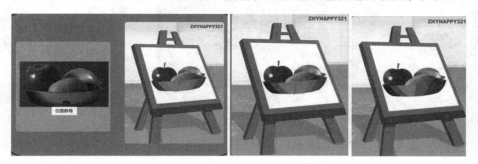

图 9 – 3　填充色块

第 3 步：用椭圆工具在苹果上方绘制圆形，并用铅笔工具对其外形进行更改，如图 9 – 4 和图 9 – 5 所示。

图 9 – 4　铅笔修改　　　　　　　　　　图 9 – 5　修改外形

第 4 步：用橡皮工具擦除掉多余的部分，如图 9 – 6 所示。

图 9 – 6　用橡皮工具擦除掉多余的部分

第 5 步：用吸管吸取位图上苹果的红色，给苹果填充颜色，并在"透明度"面板中把模式改为"叠加"，如图 9 – 7 所示。

第 6 步：用铅笔工具绘制前方柠檬形状，并用同样的方法填充颜色，如图 9 – 8 和图 9 – 9 所示。

图 9 - 7　给苹果填充颜色

图 9 - 8　绘制柠檬形状　　　　　　　　　　图 9 - 9　给柠檬填充颜色

第 7 步：绘制后方杨桃形状，填充颜色，完成效果如图 9 - 10 和图 9 - 11 所示。

图 9 - 10　绘制杨桃形状　　　　　　　　　图 9 - 11　给杨桃填充颜色

9.2　实时上色工具

9.2.1　实时上色工具的使用方法

实时上色工具的使用方法如图 9 - 12 所示。

微课 9 - 3　实时
上色工具

图 9 - 12　实时上色工具

第 1 步：在 AI 软件中选取直线工具，任意画出一个封闭的图形，如图 9 - 13 所示。

使用选择工具，选中这个图形

图 9 - 13　绘制封闭图形

　第 2 步：选中工具箱中的选择工具，拉出一个选框，框中所有图形，也就是选中画出的这个封闭图形，如图 9 - 14 所示。

　第 3 步：为了方便大家观看，将画出的图形的描边设置大一点，改为 9 px，在选中状态下，选择工具箱中的实时上色工具，将填充颜色设置为红色，如图 9 - 15 所示。

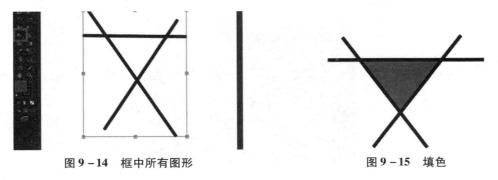

图 9 - 14　框中所有图形　　　　　　**图 9 - 15　填色**

　第 4 步：将鼠标移动到封闭的三角形中，可以看到，封闭的三角形出现一个红色的描

边，并且有个油漆桶的填充工具的图形，直接单击，就填充为红色了。

修改实时上色工具填充的颜色的技巧

◆ 选择工具箱中的实时上色工具，将填充颜色改为想要的任意颜色，如图 9－16 所示。

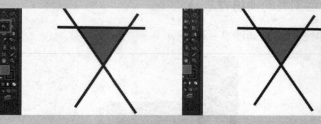

图 9－16　选择颜色

◆ 选择好颜色后，直接在之前填充的红色区域单击，就将红色换成绿色。

9.2.2　使用实时上色工具为图像填色

第 1 步：打开要上色的文件，用选择工具选择画稿，如图 9－17 所示。

图 9－17　隐藏锚点

第 2 步：选中后，文件中有很多锚点，比较影响观察，按下 Ctrl＋H 组合键将这些锚点隐藏。

第 3 步：设置皮肤颜色并填充（R:255，G:227，B:227），如图 9－18 所示。

图 9－18　颜色面板

第 4 步：填充皮肤和翅膀的颜色，并进行局部修改，如图 9-19～图 9-21 所示。

图 9-19　填充皮肤

图 9-20　填充翅膀

图 9-21　局部修改

技巧提示：实时上色工具通常配合吸管工具使用，可以大大提高工作效率。在进行细小的局部细节填充时，配合放大镜工具使图像局部放大填充。

第 5 步：填充衣服颜色。

第 6 步：填充头发颜色，并进行局部修改，如图 9-22 所示。

图 9-22　头发填色

第 7 步：填充其他细节并调整整体颜色，如图 9-23 所示。

图 9-23　调整细节

9.3　渐变工具

使用渐变工具可以调整渐变对象的起点、终点和角度，它通常与"渐变""颜色"调板一起使用。

9.3.1　"渐变"调板

渐变填充是在两种及多种颜色之间或同一种颜色的各种淡色之间逐渐变化的混合填充。用户可以使用"渐变"调板，或结合"颜色"调板创建自己的渐变或者修改一个已经存在的渐变，如图 9 – 24 所示；用户也可以使用"渐变"调板向渐变中加入中间颜色，以便创建一个多重颜色混合定义的填充。如果"颜色"调板中没有所需的颜色，单击右上角的小三角按钮，并在弹出的菜单中点选所需的颜色模式，在菜单栏中执行"窗口"→"渐变"命令，可以显示/隐藏"渐变"调板。

图 9 – 24　渐变调板

9.3.2　编辑渐变

用户可以在"渐变"调板和"颜色"调板中编辑所需的渐变。当新建一个文件时，其渐变为默认值。如果该渐变不符合制作要求，则需对它进行编辑。

第 1 步：按快捷键 Ctrl + N 新建一个文件，接着在菜单栏中执行"编辑"→"首选项"→"单位"命令，弹出如图 9 – 25 所示的对话框。在"常规"下拉列表中选择"像素"，其他参数不变，单击"确定"按钮，即可将绘制图形的单位设定为像素，如图 9 – 25 所示。

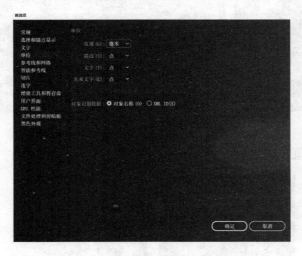

图 9 – 25　"首选项"对话框

> **技巧提示**：由于制作的是按钮，并且按钮一般用于网页中，在制作网页时通常采用 72 像素/英寸或 96 像素/英寸的分辨率，所以通常使用像素作为单位。如果要将绘图的单位重设为 mm，则再次在"常规"下拉列表中选择"mm"。

第 2 步：在工具箱中点选椭圆工具，在画面上单击，弹出如图 9 – 26 所示的"椭圆"对话框，并在其中设定"宽度"为"210 px"，"高度"为"210 px"，单击"确定"按钮，得到如图 9 – 27 所示的正圆。

第 3 步：在工具箱中设定笔触为"无"，在"渐变"调板中设定"类型"为"径向"，然后在渐变条中设定所需的渐变，如图 9 – 28 所示。再选择渐变工具，在画面中从左上角向右下角拖动，得到如图 9 – 29 所示的效果。

图 9 – 26　"椭圆"对话框

微课 9 – 5
渐变工具实例

图 9 – 27　绘制的圆形

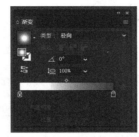

图 9 – 28　"渐变"调板

图 9 – 29　渐变填充效果

参数说明：左边色标的颜色为白色，右边色标的颜色为（R:58，G:117，B:212）。

第 4 步：在画面中单击右键，在弹出的快捷菜单中选择"变换"→"缩放"命令，如图 9 – 30 所示，弹出如图 9 – 31 所示的"比例缩放"对话框，并在其中设定"等比"为"85%"，单击"复制"按钮，得到如图 9 – 32 所示的效果。

图 9 – 30　"变换"→"缩放"

图 9 – 31　参数

图 9 – 32　结果

第 5 步：在工具箱中双击镜像工具，弹出"镜像"对话框，并在其中设定"角度"为"45°"，如图 9 – 33 所示，单击"确定"按钮，得到如图 9 – 34 所示的效果。

图 9 – 33　"镜像"对话框

图 9 – 34　镜像后的效果

第6步：在工具箱中点选选择工具，在画面中单击后面的大圆以选择它，然后在菜单栏中执行"效果"→"风格化"→"投影"命令，并在弹出的对话框中设定参数，如图9-35所示，单击"确定"按钮，得到如图9-36所示的效果。

图9-35 "投影"对话框

图9-36 阴影效果

第7步：使用椭圆工具在小椭圆的左上方绘制一个椭圆，然后在工具箱中设定笔触为黑色，填充为无，如图9-37所示。

第8步：在工具箱中双击旋转工具 ，在弹出的对话框中设定"角度"为"25"，如图9-38所示，单击"确定"按钮，得到如图9-39所示的效果。

图9-37 绘制椭圆

图9-38 "旋转"对话框

图9-39 旋转后的效果

第9步：在工具箱中设定笔触为无，在"渐变"调板中设定"类型"为"线性"，"角度"为"124"，然后在渐变条中设定所需的渐变，如图9-40所示，得到的效果如图9-41所示。

图9-40 【渐变】调板

图9-41 渐变填充效果

参数说明：左边色标的颜色为白色，右边色标的颜色为（R:58，G:117，B:212）。

第10步：在"透明度"调板中设定"混合模式"为"柔光"，如图9-42所示，即可得到如图 9 – 43 所示的效果。

图 9 – 42　"透明度"调板

图 9 – 43　透明效果

第 11 步：在工具箱中点选文字工具，显示"字符"调板，并在其中设定"字体"为"黑体"，"字体大小"为"62 pt"，如图 9 – 44 所示。在小圆中间位置处单击并输入"DOWN"文字，然后在工具箱中单击选择工具，如图 9 – 45 所示。

图 9 – 44　"字符"调板

图 9 – 45　输入文字

　　参数说明：如果"字符"调板不显示在程序窗口中，则在菜单栏中执行"窗口"→"文字"→"字符"命令。

第 12 步：在工具箱中设定填充颜色为白色，得到如图 9 – 46 所示的效果。

第 13 步：在菜单栏中执行"效果"→"风格化"→"阴影"命令，并在弹出的"投影"对话框中设定参数，如图 9 – 47 所示，单击"确定"按钮，再在画面空白处单击，以取消选择，得到如图 9 – 48 所示的效果。

图 9 – 46　设置颜色

图 9 – 47　"投影"对话框

图 9 – 48　最终效果

9.4　网格工具

使用网格工具可以通过在对象上添加网格点来为对象添加颜色，并且所添加的颜色会逐渐向周围扩散并与周围颜色混合，以产生渐变效果。

微课 9 – 6　网格
工具讲解

在两网格线相交处有一种特殊的锚点，称为网格点。网格点以菱形显示，并且具有锚点的所有属性，只是增加了接受颜色的功能。可以添加和删除网格点、编辑网格点或更改与每个网格点相关联的颜色，如图 9 - 49 所示。

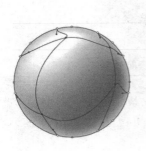

图 9 - 49　渐变网格效果

> **技巧提示：** 网格中同样会出现锚点（区别在于其形状为正方形而非菱形），这些锚点与 Illustrator 中的任何锚点一样，可以添加、删除、编辑和移动；锚点可以放在任何网格线上；可以单击一个锚点，然后拖动其方向控制手柄来修改该锚点。

9.4.1　创建渐变网格

1. 自动创建渐变网格

使用网格工具进行渐变上色时，首先要对图形进行网格的创建，Illustrator 中提供了一种自动创建网格的方式，将要创建网格的图形选中，执行"对象"→"创建渐变网格"命令，弹出"创建渐变网格"对话框，如图 9 - 50 所示。

图 9 - 50　创建渐变网格

> 行数：调整该文本框中的参数，定义渐变网格线的行数。
> 列数：调整该文本框中的参数，定义渐变网格线的列数。
> 外观：表示创建渐变网格后的图形高光的表现方式，包含平淡色、至中心和至边缘 3

个选项。

- 平淡色：当选择该选项时，图像表面的颜色均匀分布（只创建了网格，颜色未发生变化）。会将对象的原色均匀地覆盖在对象的表面，不产生高光。
- 至中心：当选择该选项时，在对象的中心创建高光。
- 至边缘：当选择该选项时，图形的高光效果在边缘。至边缘会在对象的边缘处创建高光。

　　➢ 高光：调整该文本框中的参数，定义白色高光处的强度。100% 代表将最大的白色高光值应用于对象，0% 则代表不将任何白色高光应用于对象。

　　技巧提示： 将渐变填充对象转换为网格对象，选择该对象，执行"对象"→"扩展"命令。然后选择渐变网格，单击"确定"按钮。所选对象将被转换为具有渐变形状的网格对象：图形（径向）或矩形（线性）。

　　2. 手动创建渐变网格

　　自动创建渐变网格虽然很快捷，但是在使用时可能并不尽如人意，所以可以手动创建便于操作的网格。

　　首先选中要添加网格的对象，单击工具箱中的"网格工具"按钮 或使用快捷键 U，在要创建的位置上单击，即可创建一组行和列的网格线，如图 9 – 51 所示。

　　反复使用该工具在图形上进行单击，创建出所需数量的渐变网格，如图 9 – 51 所示。

图 9 – 51　渐变网格

9.4.2　编辑渐变网格

　　渐变网格创建完毕后，可以使用多种方法来修改网格对象，如添加、删除和移动网格点；可以更改网格点和网格面片的颜色，以及网格对象恢复为常规对象等。

　　第 1 步：选中网格对象，单击工具箱中的网格工具，直接选择工具或编组工具，将定义颜色的网点选中，执行"窗口"→"颜色"命令，打开"颜色"面板。在该面板中选中要使用的颜色，即在已有的网格上填色，如图 9 – 52 所示。

图 9 – 52　网格填色

　　第 2 步：若要添加网格点，单击工具箱中的"网格工具"按钮，然后为新网格点选择填充颜色，再单击网格对象中的任意一点，即可在添加新的网格的同时添加颜色。

　　第 3 步：若要删除网格点，按住 Alt 键，用网格工具单击该网格点即可将其删除。

　　第 4 步：若要移动网格点，则用网格工具或直接选择工具移动它。按住 Shift 键使用网格工具拖动网格点，可使该网格点保持在网格线上，沿一条弯曲的网格线移动网格点而不使该网格线发生扭曲，如图9-53所示。

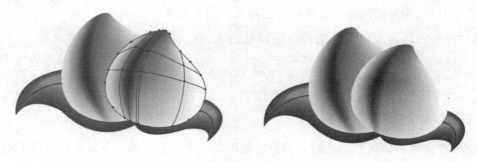

图9-53　移动网格点填色

> **技巧提示：**可以设置渐变网格中的透明度和不透明度，还可以指定单个网格节点的透明度和不透明度。首先选择一个或多个网格节点或面片，然后通过"透明"面板、控制栏或"外观"面板中的"不透明"滑块设置不透明度。

使用渐变网格绘制卡通兔子。

第1步：选择"文件"→"新建"命令或按Ctrl+N组合键新建一个文档。单击工具箱中的"钢笔"工具按钮，在面板上绘制一个封闭路径，设置填充颜色为肉色，作为兔的面部。

第2步：单击工具箱中的"网格工具"按钮，在选中的对象上单击，创建相应的渐变网格，如图9-54所示。

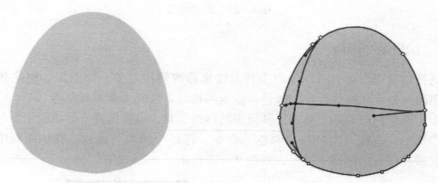

图9-54　创建渐变网格

第3步：执行"窗口"→"颜色"命令，打开"颜色"面板。在"色板库"菜单中打开"系统"色板。单击选择颜色，为该锚点附近的网格定义颜色。

第4步：在该锚点的右侧单击，以添加锚点，创建渐变网格。

第5步：在中间区域添加几个锚点，创建出渐变网格，按住Shift键调整网格的形状。然后在"颜色"面板中单击选择粉色，定义锚点附近的颜色，如图9-55所示。

第6步：采用相同的方法继续在网格上添加颜色，如图9-56所示。

第7步：单击工具箱中的"钢笔工具"按钮，绘制出一个兔子耳朵的闭合路径。设置其颜色与面部颜色相同，然后执行"对象"→"排列"→"置于底层"命令，如图9-57所示。

第8步：使用网格工具为耳朵创建渐变网格，并将其添加上颜色。

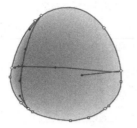

图 9 – 55　定义锚点附近颜色

图 9 – 56　在网格上添加颜色

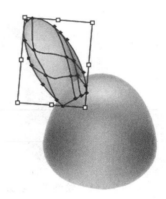

图 9 – 57　添加耳朵颜色

第 9 步：采用同样的方法绘制耳朵的内部，如图 9 – 58 所示。

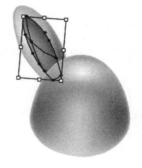

图 9 – 58　绘制耳朵内部

第 10 步：单击工具箱中的"选择工具"按钮，选中耳朵，单击鼠标右键，在弹出的快捷菜单中执行"变换"→"对称"命令。在弹出的对话框中选中"垂直"单选按钮，单击"复制"按钮。将复制出的耳朵放置在右侧的位置，如图 9 – 59 和图 9 – 60 所示。

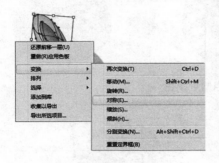

图 9 – 59　"变换"→"对称"命令

图 9 – 60　复制耳朵

第 11 步：用绘制耳朵的方法绘制出兔子的下半部分，如图 9 – 61 所示。

第 12 步：继续使用钢笔工具绘制出鼻子的封闭路径，然后再使用渐变网格工具添加颜色，如图 9 – 62 所示。

图 9 – 61　绘制下半部分

图 9 – 62　绘制鼻子

第 13 步：使用钢笔工具在鼻子下方绘制路径，然后在控制栏中设置"描边"为灰色，调整描边粗细为 2 pt，如图 9 – 63 所示。

图 9 – 63　鼻子下方

第 14 步：单击工具箱中的"椭圆工具"按钮，绘制出一个椭圆的形状，保持该对象为选中状态，执行"窗口"→"渐变"命令，打开"渐变"面板，设置类型为线性，单击滑块，编辑一种紫色的渐变，如图 9－64 所示。

　　第 15 步：继续使用椭圆工具绘制一个圆形，在控制栏中设置"颜色"为黑色，然后在上面绘制一个白色的小圆形，作为眼睛的高光，如图 9－65 和图 9－66 所示。

　　第 16 步：使用钢笔工具绘制一个封闭路径，然后使用网格工具添加颜色，如图 9－67 所示。

　　第 17 步：使用钢笔工具绘制出睫毛的封闭路径，再在控制栏中设置"颜色"为紫色，如图 9－68 所示。

图 9－64　绘制椭圆

图 9－65　绘制小圆

图 9－66　绘制眼睛的高光

图 9－67　细化眼睛

图 9－68　绘制睫毛

　　第 18 步：将眼睛全部对象选中，单击鼠标右键，在弹出的快捷菜单中执行"编组"命令，按住 Alt 键，拖拽复制出一个眼睛，放置在左侧位置，如图 9－69 和图 9－70 所示。

图 9－69　眼睛编组

图 9－70　复制眼睛

第 19 步：导入背景素材文件，并将其放置在底层，最终效果如图 9 - 71 所示。

图 9 - 71　最终效果

第 10 章

Illustrator 符号图表使用方法

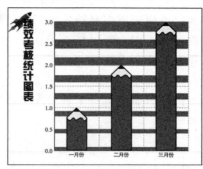

类型：艺术图表

文件名：art. ai

标题：绩效考核统计图表

描述：设计师在工作中，经常需要美观、清晰地展现数据和图案，本章节内容可以满足不同类型的创建需求。图片为结合 Illustrator 软件中符号工具和图表工具应用，进行创作的平面设计作品。

📖 能力目标

1. 能够独立制作图形符号
2. 能够独立制作图表
3. 能够结合运用符号和图表设计平面作品

📖 知识目标

1. 了解符号和图表的概念
2. 掌握多种类型的符号图表
3. 熟练掌握符号和图表的制作技巧与方法

📖 素养目标

1. 操作规范，符合行业需求
2. 具备举一反三和总结归纳的能力
3. 具有自主学习的态度和能力

10.1　符　　号

10.1.1　符号概述

符号工具（symbols tool）的最大特点是可以方便、快捷地生成很多相似的图形实例，在平面设计工作中，可以应用符号库里丰富的符号图案，快速制作出一片树林、一群游鱼、水中的气泡等。同时，还可以通过符号工具组来灵活、快速地调整和修饰符号图形的大小、距离、旋转、倾斜、色彩、样式等。除了一些复杂的组合，几乎可以将 Illustrator 中创建的任何对象定义为符号，然后通过符号喷枪工具生成大量相同的图形。另外，设计师也可以从透明、外观、风格面板来对符号图形执行操作，包括施加特殊的效果等。

对符号的应用主要包括符号面板和符号工具组。符号工具面板中包含了很多符号的放置、新建、替换、中断链接、删除等控制功能，也可以从"透明度""外观""图形样式"面板执行任何操作，并应用"效果"菜单。设计师可以快捷地在符号面板中选取或者自定义符号图形，再应用符号工具组在工作区制作符号图形。符号工具的确能帮助设计师节省时间和文件空间。

> **技巧提示：** 设计师在应用符号工具组中的符号喷枪工具对所选符号图形进行绘制后，可以通过对应用外观面板中符号不透明度的调整，追求设计作品更加自然、和谐的视觉效果。

10.1.2 调用符号

设计师可以直接应用符号面板来调用和管理文档中的符号，包括建立新符号、编辑修改现有的符号及删除不再使用的符号等。

第1步：打开符号面板。选择菜单栏中的"窗口"→"符号"命令，可以打开符号面板，如图 10-1 所示，或者用快捷键 Shift + F11 打开。

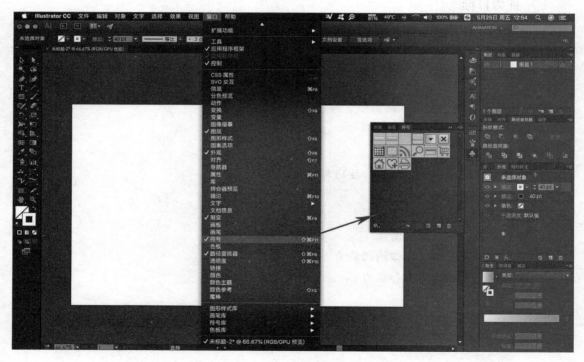

图 10-1 打开符号面板

第2步：绘制符号。选择并单击右边符号面板中所要绘制的符号图形，然后将其拖拽到工作区，从而进行操作，完成符号图形制作，如图 10-2 所示。

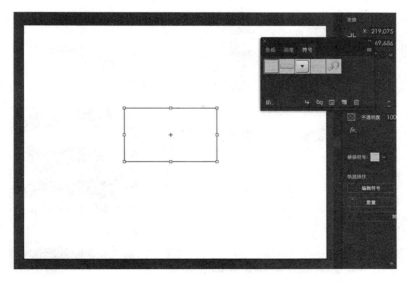

图 10 - 2　拖拽到工作区

第 3 步：调取符号库。例如，要在 Illustrator 的符号库调取"花朵"符号图形。首先，通过选择符号面板中的"符号库菜单"，调取对应的"符号库"，如图 10 - 3 所示。

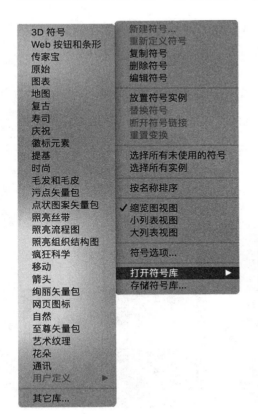

图 10 - 3　调取符号库

第 4 步：制作画框。在符号库中直接单击一个花朵的符号进行调取，并在文档中重复拖拽符号的动作，完成画框制作，如图 10 – 4 所示。

> **技巧提示**：在符号工具运用中，可以使用快捷键来提高工作效率。当使用任何一个符号时，按下」键，可增加其直径；按下「键，可减小其直径；按下 Shift +」组合键，可增加符号的创建强度；按下 Shift +「组合键，则减小强度。

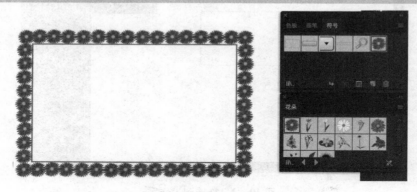

图 10 – 4　单击符号库中的符号

10.1.3　符号工具组

Illustrator 的符号工具组中包括 8 个符号绘制及编辑工具，当右击工具栏中的符号喷枪工具或者对其按住不放时，便会弹出一个工具组，如图 10 – 5 所示。可以从中选择要使用的具体符号工具，也可以按下 Alt 键的同时在符号工具上单击来切换，直径、强度和密度等常规选项即出现在对话框顶部，特定于工具的选项则出现在对话框底部。

"符号喷枪工具"　是工具组里的第一个工具，用来进行符号实例创建，可以用快捷键 Shift + S 进行快速选择。在"符号"面板中单击所选的符号后，应用符号喷枪工具在文档的指定位置单击，即可创建一个符号实例；也可以单击并拖动鼠标，符号会沿着鼠标的移动轨迹创建多个符号图形，如图 10 – 6 所示。

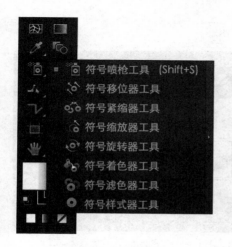

图 10 – 5　符号工具组

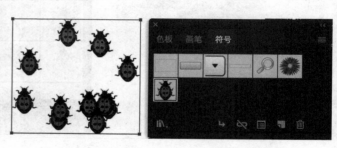

图 10 – 6　单击或拖动符号喷枪工具

选择"符号移位器工具" ，单击符号实例并按照指定方向拖动鼠标。按住 Shift 键单击符号，可将其移动到其他符号的上层；按住 Shift + Alt 组合键单击符号，可将其移动到其他符号的下层。

选择"符号紧缩器工具"，单击或拖动符号实例组的区域，可以缩小符号间的距离，如图 10 − 7 所示；按住 Alt 键并单击或拖动，则扩大符号间的距离，如图 10 − 8 所示。

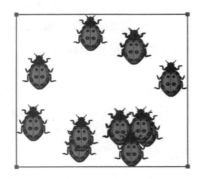

图 10 − 7　缩小符号间距

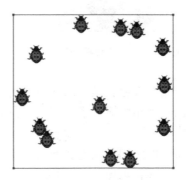

图 10 − 8　扩大符号间距

选择"符号缩放器工具"，单击可放大符号实例，如图 10 − 9 所示；按住 Alt 键并单击则缩小符号实例，如图 10 − 10 所示；按住 Shift 键单击或拖动，可以在缩放时保留符号实例的密度。

图 10 − 9　单击放大符号

图 10 − 10　单击缩小符号

选择"符号旋转器工具"，单击或拖动符号实例可以改变其朝向，如图 10 − 11 所示。旋转时，符号上会出现一个带有箭头的方向标志，可以边操作边观察符号的旋转方向和旋转角度。

在"颜色面板"上选择一种填充颜色，然后选择"符号着色器工具"，单击所要着色的符号实例，从而进行符号上色，如图 10 − 12 所示。连续单击，将使上色量逐渐增加，符号实例的颜色逐渐更改为上色颜色。按住 Ctrl 键并单击符号实例，可以减少着色量并显示更多原始符号颜色；按住 Alt 键并单击符号实例，则还原符号的颜色。

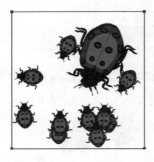

图 10－11　旋转符号

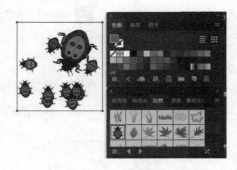

图 10－12　单击进行符号着色

对符号实例着色就是更改颜色的色相，同时保留原始明度。此方法使用原始颜色的明度和上色颜色的色相生成颜色。因此，具有极高或极低明度的颜色改变很少；黑色或白色对象完全无变化。

设计师可以应用"符号滤色器工具" ，对已经创建好的符号进行透明度的调整。首先选择"符号滤色器工具"，然后单击或拖动希望增加符号透明度的位置即可，如图 10－13 所示。按住 Alt 键并单击，可以还原符号的透明度。

选择"图形样式"面板中的一种样式，切换至"符号样式器工具" ◎，在符号上单击，可以将所选样式应用到符号上，如图 10－14 所示。按住 Alt 键并单击，可清除符号上应用的样式。

图 10－13　单击进行不透明度设置

图 10－14　符号样式设置

微课 10－1　符号工具

10.2　图　　表

10.2.1　图表概述

Illustrator 不仅可以用于艺术创作，很多时候也用来制作一些公司宣传资料等。因为数据和图表比单纯的数字罗列更有说服力，表达更直观和清晰，所以这时就不可避免地会遇到数据和图表的制作。在创建图表之前，一般要设置图表的类型，当然，也可在创建后根据需要更改。展开 Illustrator 工具箱中的图表工具组，可以看到如图 10 - 15 所示的 9 种图表工具。

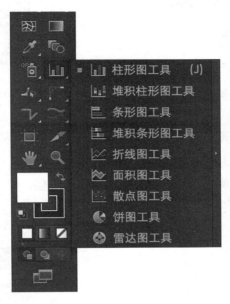

图 10 - 15　图表工具组

"柱形图工具"　：常用于显示信息的比对或者一段时间内数据变化，它可以将一组或多组数据间的相互关系较清晰地表现出来，如图 10 - 16 所示。

"堆积柱形图工具"　：它是由一个个小块堆积而成的类似于柱状图的一种图表，常用于比较每一类项目中的所有分项目数据，如图 10 - 17 所示。

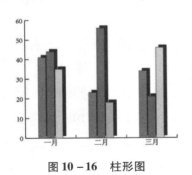

图 10 - 16　柱形图

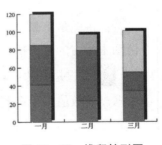

图 10 - 17　堆积柱形图

"条形图工具"　：条形图与柱形图类似，都是通过条形长度与数据值成比例的矩形，但是其中的数据值形成的矩形是水平方向的，如图 10 - 18 所示。

"堆积条形图工具"　：是条形图水平堆积的效果，如图 10 - 19 所示。

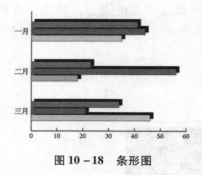

图 10-18　条形图

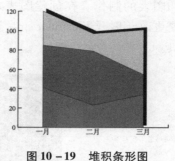

图 10-19　堆积条形图

"折线图工具"：它可以显示类似随时间而变化的连续数据，因此非常适用于显示在相等时间间隔下数据的变化趋势，如图 10-20 所示。

"面积图工具"：它所表示的数据关系与折线图类似，但是比折线图更强调整体在数值上的变化，并且被填有颜色，如图 10-21 所示。

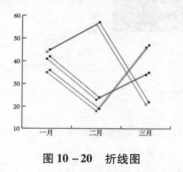

图 10-20　折线图

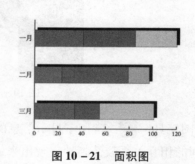

图 10-21　面积图

"散点图工具"：散点图就是数据点在直角坐标系平面上的分布图，如图 10-22 所示。

"饼图工具"：饼图是将数据的数字总和作为一个圆饼，其最大的特点是可以显示每一个部分在整个饼图中所占的百分比，如图 10-23 所示。

"雷达图工具"：它是一种以环形方式进行各组数据比较的图表。这种比较特殊的图表能够将一组数据以其数值多少在刻度尺上标注出数值点，如图 10-24 所示。

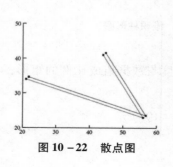

图 10-22　散点图

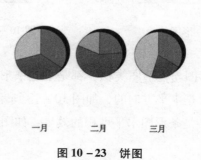

图 10-23　饼图

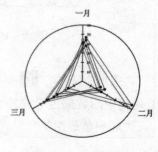

图 10-24　雷达图

10.2.2　创建图表

Illustrator 中提供了 9 种各具特色的图表工具，在创建图表时，要根据图表内容的需要选择图表工具，但是它们的创建方式基本相同，现在以"柱形图工具"为例，学习创建图表的方法。

第 1 步：选择柱形图工具。在工具箱的图表工具组中选择合适的图表工具，或者双击图表工具组，在弹出的对话框中完成图表类型和样式等信息的设置，如图 10 – 25 所示。

第 2 步：建立柱形图表。在画面中按下鼠标左键拖动，拉取选框，即可创建图表，如图 10 – 26 所示。

图 10 – 25　选择"柱形图工具"

图 10 – 26　拉取选框

第 3 步：输入图表数据。在"图表数据"窗口输入图表的数据，如图 10 – 27 所示，然后单击右上角的"应用"按钮 ▨，即可创建图表。

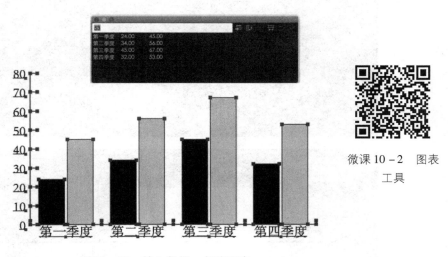

图 10 – 27　输入数据，创建图表

微课 10 – 2　图表
工具

第 4 步：更改柱形图颜色。接下来要对图表的颜色进行设计，首先选择工具箱中的"直接选择工具" ▶，结合"颜色"面板进行颜色的更改，如图 10 – 28 所示。

第 5 步：图表类型转换。如果有需要，此时也可以对图表类型进行转换。双击工具箱中的图表工具组按钮，在弹出的"图表类型"对话框中进行图表类型的转换，如图 10 – 29 所示。

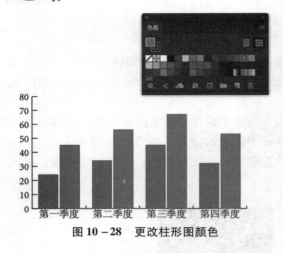

图 10-28　更改柱形图颜色　　　　　　　　　图 10-29　图表类型转换

10.2.3　符号图表艺术化设计

第 1 步：新建文件。新建一个尺寸为 182 mm × 257 mm 的文件，如图 10-30 所示。

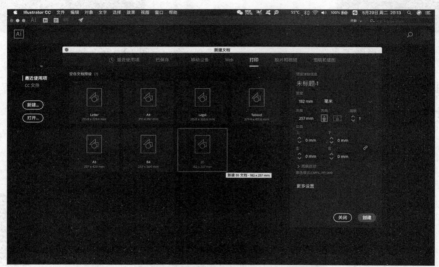

图 10-30　新建文件

第 2 步：建立柱形图表。选择工具箱中的柱形图工具，在新建画布上拖拽，绘制一个新图表，如图 10 - 31 所示。

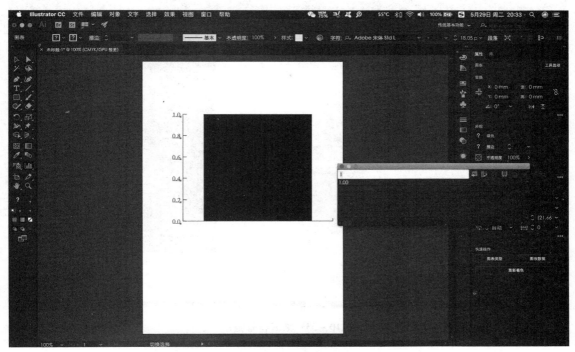

图 10 - 31　建立柱形图表

第 3 步：导入图表数据。单击"导入数据"按钮 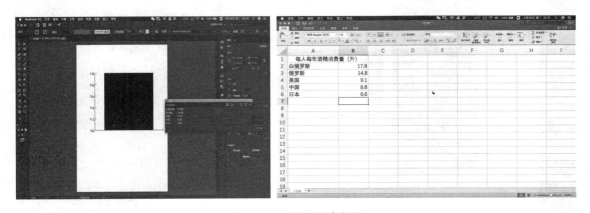，在打开的"导入图表数据"对话框中选择指定 Excel 表格，将其中的国家及其数据导入图表，如图 10 - 32 所示，从而得到柱状表格。

图 10 - 32　导入图表数据

第 4 步：创立图表的图形符号。从符号中选择一个符号作为图表元素的图形对象，右击，选择"断开符号链接"，如图 10 - 33 所示，从菜单栏找到"对象"→"扩展外观"，将其转化为路径，并编组，如图 10 - 34 所示。

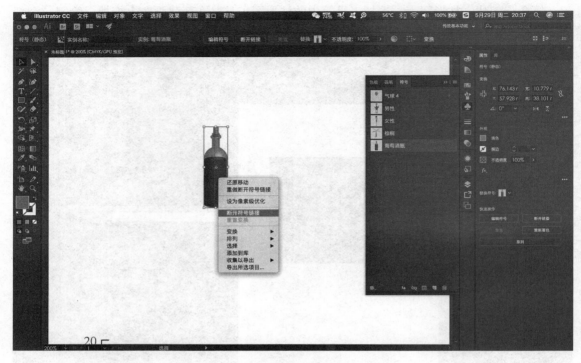

图 10 – 33　断开符号链接

图 10 – 34　将图形转化为路径

第 5 步：编辑图表的图形符号。用直线工具在瓶身处画一根横线，并与酒瓶对齐，执行"视图"→"参考线"→"新建参考线"命令，如图 10 - 35 所示，将其与酒瓶一同选中，执行"对象"→"图表"→"设计"命令，如图 10 - 36 所示，调出"图表设计"对话框。

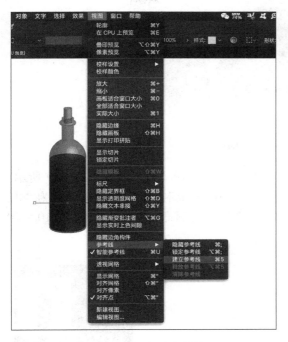

图 10 - 35　新建参考线

图 10 - 36　执行"对象"→"图表"→"设计"命令

第 6 步：完成新建设计元素。在弹出的"图表设计"对话框中单击"新建设计"按钮，此时即可将选中的对象作为图表的设计元素，如图 10 - 37 所示。

图 10 - 37　完成新建设计元素

第 7 步：重命名图表符号。单击"图表设计"对话框右侧的"重命名"按钮，在弹出的对话框中设置"名称"为"Beer Bottle Slide"，然后单击"确定"按钮，完成设置，如图 10 - 38 所示。

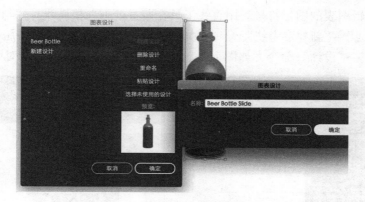

图 10 – 38　重新命名图表符号

第 8 步：替换图表中的图形元素。选中柱状图，右击，选择"列"，如图 10 – 39 所示。在对话框中的"选取'列设计'"选项中选择"Beer Bottle Slide"，然后将列类型换为"局部缩放"，单击"确定"按钮，此时图表中的柱形部分就被酒瓶所代替了，如图 10 – 40 所示。

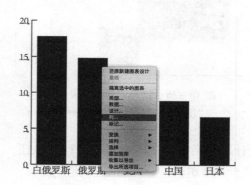

图 10 – 39　右击，选择"列"

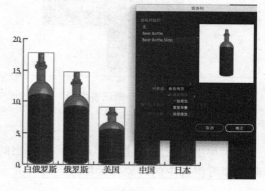

图 10 – 40　用酒瓶替换原始柱形图

第 9 步：根据图表数据设置图形。选中柱状图，右击，选择"类型"选项，调出"图表类型"界面，如图 10 – 41 所示。在"图表选项"中分别将"数轴值"和"类型值"的长度改为"全宽"，然后单击"确定"按钮，完成设置，如图 10 – 42 所示。

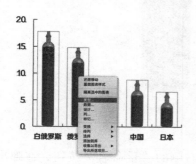

图 10 – 41　右击，选择"类型"选项

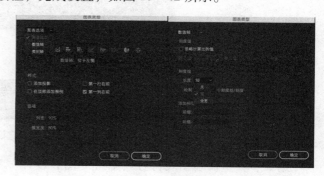

图 10 – 42　设置"数轴值"和"类型值"

第 10 步：调整艺术图表网格和文字。用"直接选择工具"调整表格中的文字和网格线，如图 10 – 43 所示。再用文字工具将具体数值标注出来，隐藏参考线，得到的效果如图 10 – 44 所示。

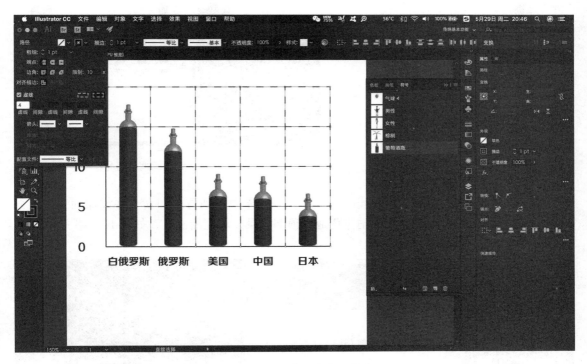

图 10 – 43　调整文字和网格线

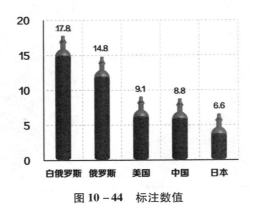

图 10 – 44　标注数值

第 11 步：添加背景和标题。首先应用文字工具在图表上方键入标题，如图 10 – 45 所示。然后在符号库中找到符号棕榈树，并排列在底层，如图 10 – 46 所示。

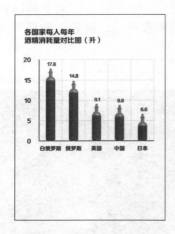

图 10－45　键入标题

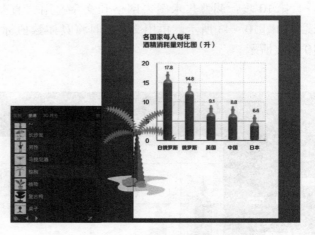

图 10－46　绘制棕榈树符号

第 12 步：制作人物和草地等插画元素。在符号库中找到男人和女人并添加到背景，如图 10－47 所示。然后用钢笔工具制作草地和顶部背景，填充渐变色，如图 10－48 所示。

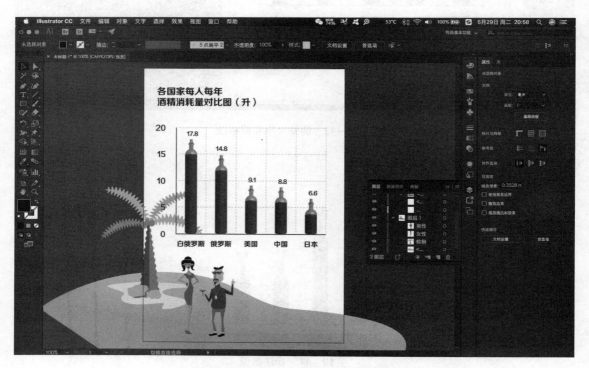

图 10－47　绘制男人和女人符号

第 13 步：调整文字与色彩。调整画面中的文字间距，修改填色并添加描边，完成设计，如图 10－49 所示。导出作品为 JPEG 格式，将"使用画板"复选框选中，选择保存路径并命名，得到最终作品，如图 10－50 所示。

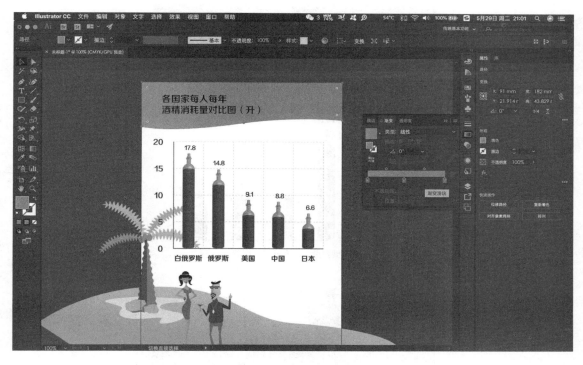

图 10－48　制作草地和顶部背景

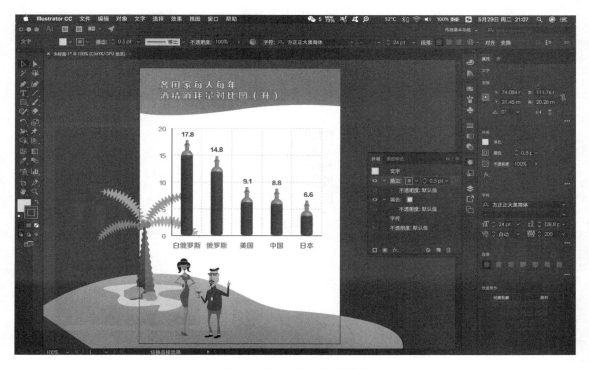

图 10－49　文字与色彩调整

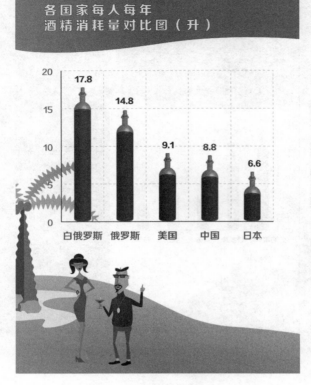

图 10 - 50　最终效果

技巧提示：图表制作完成后，若想修改其中数据，首先要使用"选择"工具选中图表，然后选择"对象"→"图表"→"数据"命令，打开数据输入框，在输入框中修改要改变的数据，单击"应用"按钮，关闭输入框，完成数据修改。

微课 10 - 3　符号图表艺术化设计

参 考 文 献

［1］ 达芬奇工作室. Photoshop 动漫创作技法［M］. 北京：清华大学出版社，2011.

［2］ 张珊，黄超，王树文. Photoshop CS5 项目教程［M］. 武汉：湖北科学技术出版社，2013.

［3］ 范玲，卫向虎. Photoshop 图形图像处理［M］. 上海：中国海洋大学出版社，2014.

［4］ 刘玉珊. Photoshop 平面设计与创意大讲堂［M］. 北京：清华大学出版社，2007.

［5］ 九州书源. 中文版 Illustrator CC 从入门到精通［M］. 北京：清华大学出版社，2016.

［6］ 布莱恩·伍德. Adobe Illustrator CC 2017 中文版经典教程［M］. 北京：人民邮电出版社，2018.

［7］ 凤凰高新教育. 中文版 Illustrator CC 基础教程［M］. 北京：北京大学出版社，2016.

［8］ 吴华堂. 中文版 Illustrator CC 艺术设计精粹案例教程［M］. 北京：中国青年出版社，2016.

［9］ Adobe 公司. Adobe Illustrator CS6 中文版经典案例［M］. 北京：人民邮电出版社.

［10］ 李东博. Illustrator CS6 完全自学手册［M］. 北京：清华大学出版社，2017.